How De Mannen Van Easy Company Een Band Of Brothers Werden

Door Chris Langlois, kleinzoon van Eugene 'Doc' Roe

Geïllustreerd door Anneke Helleman

Vertaald door Joris Nieuwint en Linda Cautaert

ISBN 978-0-578-48545-4

Dit boek is te vinden op www.Amazon.com en www.Bol.com of door contact op te nemen met de auteur: docroegrandson@gmail.com

GEWIJD AAN DE “ANGEL” IK WIST ALS “PAWPAW.”

Eerste druk 2019

"From this day to the ending of the world,
But we in it shall be remembered –
We few, we happy few, we band of brothers;
For he today that sheds his blood with me
Shall be my brothers."
– William Shakespeare, *Henry V*

"Where is the prince who can afford so, to cover his couunty with troops for its defense, so that ten thousand mend descending from the clouds might not, in many places, do an infinite deal of mischief before a force could be brought together to repel them?"
– Benjamin Franklin, 1784

"The 101st Airborne Division has no history...but it has a rendezvous with destiny."
– General William C. Lee, 'father" of the United States Airborne

"Hang Tough"
– Major Dick Winters

101ST AIRBORNE DIVISION (12.000 MANNEN)

|

506TH PARACHUTE INFANTRY REGIMENT (1800 MANNEN)

|

2ND BATALION (600 MANNEN)

|

EASY COMPANY (160 MANNEN)

|

PLATOON (48 MANNEN)

|

SQUAD (16 MANNEN)

HET ONTSTAAN VAN DE LUCHTLANDINGSTROEPEN

De Verenigde Staten begonnen in juli 1940 met hun eerste parachutisten (Airborne) test peloton, dit bestond uit twee officieren en 48 manschappen en waren allemaal vrijwilligers. Andere landen zoals: Japan, Italië, Duitsland en de Sovjet-Unie hadden op dat moment al parachutisten. Tijdens de Tweede Wereldoorlog voerden de Duitsers drie grote luchtlandingsoperaties uit: in Noorwegen, Kreta en Nederland.

Luchtlandingstroepen waren voor de Verenigde Staten nog nieuw toen in 1942 het 509de Pararachutistenbataljon voor de eerste keer per parachute achter vijandelijke linies werd gedropt. Dit gebeurde in Noord-Afrika tijdens *Operatie Torch.*

Parachutisten zijn speciaal getraind, bewapend en georganiseerd om opdrachten uit te voeren die anderen niet kunnen. Taken zoals:

- Terrein veroveren dat alleen per parachute bereikbaar is.
- Het veroveren van bruggen over rivieren en kanalen.
- Samen met andere grondtroepen of zelfs met de marine, terrein achter vijandelijke linies aanvallen.
- Het veroveren van landingsterreinen voor gebruik door eigen troepen of om het gebruik onmogelijk te maken voor de vijand.
- Het creëren van verwarring om de vijand af te leiden van de hoofdaanval.

Op 16 augustus 1942 werd de 101ste Airborne divisie in legerkamp Claiborne in Louisiana geactiveerd, waarbij generaal Lee zijn beroemde toespraak hield, "De 101ste Airborne divisie heeft geen geschiedenis, maar heeft een afspraak met het lot."

Het 506de parachutisten regiment was uniek in het Amerikaanse leger omdat de soldaten, voor de eerste keer, als eenheid zouden deelnemen aan de basistraining en de parachutistenschool. Hierdoor kregen ze een band die nog hechter was en werden ze een zeer uitzonderlijke gevechtseenheid. Het 506de werd op 20 juli 1942 geactiveerd, onder het bevel van de aan West Point afgestudeerde luitenant-kolonel Robert F. Sink en de training werd gestart in legerkamp Toccoa in Georgia. Kolonel Sink zou tot het einde van de oorlog het bevel voeren over het 506de, iets wat niet vaak gebeurde bij een infanterieregiment in gevecht.

Het 506de bestond uit negen infanteriecompagnieën: Able, Baker, Charlie, Dog, Easy, Fox, George, How en Item. Deze compagnieën werden ook vaak alleen bij de eerste letter genoemd, zoals E- Compagnie.

Het motto van het 506de werd "Currahee," wat uit het Cherokee vertaald betekent "Alleen Staan." Het beschreef de berg Currahee die het landschap bij legerkamp Toccoa domineerde. Maar het werd ook de lijfspreuk van elke parachutist die, nadat hij achter vijandelijke linies was gedropt, altijd omsingeld was en vaak alleen.

Vele mannen wilden parachutist worden vanwege de extra $50 die de manschappen verdienden ($100 voor de officieren). Die $50 in 1942 is in deze tijd ongeveer $800 (= € 720) waard! Anderen zochten het avontuur van het uit vliegtuigen springen en weer anderen wilden de beste zijn en deel uit maken van een elite-eenheid. Meer dan 500 officieren melden zich vrijwillig aan, maar slechts 150 kwamen door de training. Bij de manschappen waren 5800 vrijwilligers van wie er slechts 1800 in slaagden om zich bij het regiment aan te sluiten.

Op 10 juni 1943 werden Easy Compagnie en het 506de parachutistenregiment onderdeel van de 101ste Airborne divisie...en begon hun eigen afspraak met het lot.

CURRAHEE RENNEN!

Kolonel Sink wilde dat de beste soldaten uit het leger in het 506[de] zouden zitten. Zijn jongens zouden bekend worden als de "Five-O-Sink." Conditietraining was een goede manier om het kaf van het koren te scheiden. De mannen van het 506[de] waren al snel vertrouwd met het steile en rotsachtige pad naar de top en terug van de 300 meter hoge berg Currahee.

Toen de mannen in het legerkamp Toccoa arriveerden, kregen ze tenten toegewezen die stonden in nette rijen aan de voet van de berg Currahee. Daar moesten ze wennen aan de hitte, vochtigheid, teken en muggen en er werden zware fysieke eisen gesteld. Zo moesten ze bijna 5 kilometer rennen naar de top van de berg, en dat soms wel twee keer per dag. Als een man uitviel door een blessure of door vermoeidheid, mocht niemand hem helpen. Er stond een ambulance klaar om hem af te voeren. Boven op de berg aangekomen was er geen tijd om van het uitzicht te genieten, het was omdraaien en dan 5 kilometer naar beneden rennen. Binnen de 50 minuten

moesten de mannen terug zijn. Het record stond op 42 minuten. Ook alle officieren moesten de berg op en af rennen, er werd voor niemand een uitzondering gemaakt. Degenen die Currahee niet haalden, werden direct uit de parachutistenopleiding gezet.

In Toccoa werden de mannen ook de basisbeginselen van een infanterist bijgeracht: in formatie marcheren, in attentie staan, een geweer vasthouden, het gebruiken van kaart en kompas, aanvals- en verdedigingstactieken leren in kleine en grote groepen, en het schoonmaken van de persoonlijke wapens. Er waren ook lessen in het klaslokaal: militaire fatsoensregels en discipline, de regels van oorlogvoering, organisatie van het leger, wachtlopen, eerste hulp, persoonlijke hygiëne, uniformen en het bewaken van militaire geheimen en informatie over de vijand.

Het bleek echter dat de berg Currahee niet de grootste uitdaging was die Easy Compagnie in Toccoa zou tegenkomen. Easy Compagnie was anders dan de andere eenheden in Toccoa. Dat kwam omdat Herbert M. Sobel de commandant van Easy Compagnie was. Volgens alle verslagen hadden vrijwel al zijn manschappen een hekel aan hem. Sobel zocht de kleinste redenen om de mannen te straffen, waardoor ze privileges zoals het verlof om een weekend uit het legerkamp te mogen verloren, of door ze te dwingen meer conditietraining te doen. Om de constante inspecties van de uniformen en uitrusting, op zoek naar het kleinste beetje stof of vuil te doorstaan, vertrouwden de mannen op elkaar. Sobel kwam namelijk steeds onverwacht op inspectie in de barakken op zoek naar een willekeurige reden om de mannen te straffen.

Op vrijdagavond liet Sobel de mannen marcheren in plaats v a n ze te laten relaxen op een vrije avond, zoals in andere compagnieën wel gebeurden. De eerste marsen waren 8 kilometer, maar daar kwam elke week 8 kilometer bij. De langste mars was 80 kilometer zonder eten of drinken, zonder te praten en zonder te stoppen. Aan het einde van de mars werden de veldflessen gecontroleerd door Sobel om er zeker van te zijn dat niemand een slokje water had genomen.

Hoewel het trainingsregime van Sobel een zware last was voor Easy Compagnie, staat één ding vast, het creëerde een sterke band van broederschap. De mannen kregen vertrouwen in hun capaciteit om samen aan de zware eisen te voldoen. Daarnaast realiseerden de mannen dat ze een ijzersterke conditie hadden, Easy Compagnie had het fitness record van het 506de in handen. In Washington werden die resultaten echter niet geloofd door de legerleiding. Ze stuurden een officier om Easy Compagnie opnieuw te testen en toen scoorden ze zelfs hoger!

De plaatsvervangend commandant van Easy Compagnie was luitenant Richard "Dick" Winters. Lt. Winters was een leider die de mannen vertrouwden en steunden tijdens de dagen van zware training, en zeker tijdens de dagen van Sobel's strenge straffen. Easy compagnie had Lt. Winters, nodig en hij zou bewijzen dat hij ze nooit zou teleurstellen.

DE MARS NAAR ATLANTA

Kolonel Sink had een artikel gelezen in "Reader's Digest" over een eenheid in het Japanse leger die het wereldrecord marcheren had verbroken. Door het geloof in zijn trainingsregime en in z'n mannen liet Sink het 2de bataljon van het 506de van 1 tot 3 december 1942 marcheren van het legerkamp in Toccoa naar de binnenstad van Atlanta. De mars duurde 75 uur en 15 minuten, waarvan er 33 uur werd gemarcheerd. Op slechts 13 kilometer van het kamp sloeg het weer om en kregen de mannen te maken met dichte mist, wolkbreuken en modder soms tot de knieën. 's Nachts vroor het, maar de mannen marcheerden toch 60 tot 65 kilometer per dag. Om het allemaal nog moeilijker te maken, hadden de mannen hun volledige uitrusting bij zich, inclusief geweren, mortieren, tenten en radio's. De mannen droegen het 16 kilo wegende machinegeweer en de 19 kilo wegende 60mm mortier om beurten, zodat deze niet de hele mars door dezelfde persoon gedragen moesten worden.

Door ijzel op de wegen verzwikten sommigen een enkel en de mannen begonnen elkaar te helpen met het dragen van de uitrusting van hun geblesseerde makkers. Er waren soldaten die 3 geweren droegen zodat er meer spierkracht over was om de geblesseerden te helpen.

Aan het einde van de eerste dag marcheren, kwamen de mannen in het donker aan op het slaapterrein. Het was bijna onmogelijk om warm te blijven. De regels schreven voor dat parachutisten elke dag hun sokken moesten wisselen en de mannen die de fout maakten om zonder schoenen aan te slapen, kwamen er de volgende dag achter dat deze stijf bevroren waren. Pas na enkele uren marcheren, warden de schoenen weer een beetje soepel. Op deze manier leerden de mannen om ook 's nachts hun schoenen aan te houden, helemaal tot in Atlanta. Soms was het nodig om de regels te negeren. Zelfs tijdens de meest verschrikkelijke weersomstandigheden liep Lt. Winters tussen de manschappen en zei "Hang Tough" of "hou je taai" om ze aan te moedigen.

Op de tweede dag deden de scheenbenen van soldaat Don Malarkey zoveel pijn dat hij op handen en voeten kroop om eten te halen. Warren "Skip" Muck, zijn maat zei "geen vriend van mij hoeft ergens naar toe te kruipen" en hij bracht het eten naar Don. Nadat ze Atlanta gehaald hadden, moest Malarkey drie dagen in bed blijven omdat zijn benen zo opgezwollen waren.

De mannen van het bataljon waren niet alleen op weg. "Draftee," een bruin witte puppy, volgde de mars een aantal kilometers. Toen het hondje mank ging lopen, werd hij in de rugzak van soldaat der eerste klasse DeWitt Lowrey gestopt. Nadat Easy compagnie aangekomen was in Fort Benning, de volgende stop na de mars naar Atlanta, werd "Draftee" overgedragen aan de verpleegsters op de basis.

Deze tegenslagen deerden de mannen van Easy compagnie niet. Je kon ze horen zingen en lachen en ook werd de Duitse dictator Hitler veelvuldig uitgedaagd. Deze beproevingen en zware condities versterkten de band tussen de manschappen alleen maar. Een band die uit zou groeien tot een broederschap.

Toen het 506de Atlanta binnen marcheerde, speelden de schoolbands en stonden de mensen langs de weg te juichen. De krant "Atlanta Constitution" deed een aantal interviews met de mannen en nam foto's. Dit versterkte de trotse manschappen die met de borst vooruit liepen, en met opgeheven hoofd plotseling minder last hadden van pijnlijke voeten, benen en ruggen. Terwijl ze niet alleen Atlanta binnen liepen, maar ook de geschiedenisboeken. Slechts twaalf van de 556 manschappen haalden de eindstreep niet, alle 30 officieren volbrachten de mars.

Kolonel Sink was trots!

PARACHUTISTENSCHOOL

Na de mars naar Atlanta ging Easy compagnie met de trein naar Fort Benning, Georgia, voor de parachutistentraining. Onmiddellijk werden ze overdonderd door de 76 meter hoge torens die boven het kamp uitrezen. Van die torens zijn e r tot op de dag van vandaag nog drie in gebruik. De parachutistenschool omvatte 4 fasen van in totaal 26 dagen met lessen, examens en praktijk:

Fase-**A**: De eerste week bestond uit conditietraining, acht uur per dag, zes dagen lang. Kracht en uithoudingsvermogen waren essentiële eigenschappen voor parachutisten. Naast de gebruikelijke activiteiten zoals touwklimmen, push-ups, hardlopen overdag en 's nachts, werd er ook specifieke parachutistentraining aan toegevoegd. Met judo werden man tot man gevechten aangeleerd en valtechnieken om de val te breken tijdens de parachutesprong werden geoefend. De eerste week was niet alleen een test van fysieke mogelijkheden, maar ook van mentale weerbaarheid. Easy compagnie en de rest van het 506de waren bij aankomst in Fort Benning in betere conditie dan de instructeurs en dus mochten ze deze fase overslaan.

Fase-**B**: Deze week leerden de manschappen hoe ze parachute moesten springen terwijl ze op de grond bleven. De onderdelen van de parachute werden geleerd, de juiste houding vanaf het verlaten van het vliegtuig tot en met de landing en ze deden de Parachutisten Landing Val (PLV). Landen op de juiste manier om blessures te voorkomen was de basis van een succesvolle missie. Deze week werd ook de 10-meter toren geïntroduceerd. Beveiligd in een gordel om de torso en het kruis, beklommen de soldaten de trappen van de toren en werden dan vastgemaakt aan een harnas en katrol die over een touw van de toren naar een zandkuil beneden liep, net zoals een hedendaagse tokkelbaan. De mannen moesten op de juiste manier in de nagemaakte deur staan en eruit springen op commando. Ze vielen dan enkele meters naar beneden. Dit bootste de vrije val uit het vliegtuig na voor de parachute zich zou openen. Daarna werden ze door de katrol opgevangen en gingen ze via het touw naar beneden om de snelheid bij de landing na te bootsen, om tenslotte een PLV te maken. De tokkelbaan had verschillende valhoeken zodat de studenten de realiteit van verschillende windcondities die van invloed zijn bij de landing konden ervaren. De mannen werden beoordeeld op alle aspecten van de sprong en herhaalden dit meerdere keren.

> PLV: In eerste instantie werden de studenten aangeleerd om een duikeling te maken bij landing. Nieuwe tactieken, geleerd van de Britten, leidden tot de ontwikkeling van de PLV. Soldaten hielden hun voeten en knieën samen en de knieën lichtjes gebogen. Vanaf de voorvoet naar boven, via de kuitspier, dijbeen en de zijkant van het bovenlichaam kon de klap van de landing opgevangen worden door naar een kant te rollen.

Fase **C**: De soldaten maakten nog steeds gebruik van de 10 meter toren met het opgehangen harnas, maar ze begonnen nu ook te trainen vanaf de 75 meter toren. Daarnaast bleven ze oefenen met de nagemaakte deur om het verlaten van het vliegtuig te oefenen. De soldaten oefenden en oefenden en oefenden totdat er elke twee seconden een man uit de deur kon springen. Hoe sneller ze het vliegtuig konden verlaten, hoe dichter ze bij elkaar op de grond zouden landen. Daardoor konden ze sneller verzamelen, overleven en de missie volbrengen.

De soldaten leerden ook de verschillende fases van het parachutespringen: het vliegtuig verlaten, de klap van het openen van de parachute en hetbesturen van de parachute voor de landing. Een andere belangrijke oefening was het leren omgaan met problemen van de parachute en het openen van dereserveparachute. Ze leerden wat te doen bij het heen en weer schommelen en hoe je moet handelen als je over de grond werd meegesleurd. Groteventilatoren werden gebruikt om de soldaat met parachute en al over de grond te blazen zodat hij kon ervaren wat de wind met een parachute kan doenna de landing. De soldaat moest zich draaien tot hij kon gaan staan en dan naar de parachute rennen zodat deze in zou zakken.

De mannen letten vooral goed op bij de lessen over het inpakken van de parachute. Ze sprongen namelijk met de parachute die ze zelf ingepakt hadden!

Annike

PARACHUTISTENWEEK

Fase D of de parachutistenweek: Eindelijk konden alle lessen die op de grond waren aangeleerd in de praktijk oefenen. De soldaten moesten vijf parachutesprongen maken waarvan één 's nachts en twee met volledige bepakking. Nadat ze zeer zorgvuldig alle stappen voor het inpakken van hun eigen parachute hadden gevolgd, werden ze in de vliegtuigen geladen in groepen genaamd "sticks" van 18 tot 20 man. De spanning begon zich al snel op te bouwen!

De jumpmaster was de instructeur of bij een gevechtssprong, de eerste man van de "stick." Iedereen volgde zijn bevelen op. De jumpmaster riepboven het lawaai van het vliegtuig de tijd tot ze bij de dropzone (DZ), waren en iedereen riep de tijd die ze gehoord hadden terug. Dit herhalenzorgde ervoor dat iedereen in de "stick" de commando's had begrepen en ze tegelijk klaar waren voor het springen. Op het moment dat dejumpmaster riep "Klaarmaken!" begon iedereen zijn bepakking te controleren en maakten de helm vast.

Het volgende commando van de jumpmaster was "Opstaan!" wat de mannen dan herhaalden terwijl ze op gingen staan, snel gevolgd door het commando "Vasthaken!" De soldaat hield in zijn hand een metalen haak vast die hij vastmaakte aan een kabel die boven het hoofd over de lengte van het vliegtuig liep. Aan de haak zat een koord waar de parachute op de rug van de soldaat aan vast zat. Bij het springen werd de parachute door het koord uit de rugzak getrokken en kon deze zich ontplooien.

Nadat de mannen waren vastgehaakt, riep de jumpmaster "Bepakking controleren!" Snel maar zorgvuldig werd de bepakking van de man voor hem gecontroleerd, alle riemen en uitrusting moesten vast zitten en er mochten geen zaken los of op de verkeerde plek zitten. Het controleren van de uitrusting was van het allergrootste belang voor de veiligheid van de mannen en het succes van de missie. De mannen riepen vervolgens van achter naar voren, "Twintig Okay!," "Negentien Okay!," enzovoort.

De jumpmaster riep, "Nog één minuut!" en ook dat werd door de mannen herhaald. "Ga in de deur staan!" was het commando aan de voorste soldaat en alle anderen schoven nog wat dichter naar de deur. Met een klap op de schouder en het commando "Gaan!" werd de "stick" de blauwe lucht in gestuurd.

De soldaten begonnen te tellen: één-duizend-één, één-duizend- twee, één-duizend-drie en dan keken ze naar boven om er zeker van te zijn dat de parachute volledig ontplooid was. Als de hoofdparachute na 3 seconden nog niet helemaal ontplooid was, dan moest meteen de reserveparachute op de borst geopend worden, want dan was er iets goed mis met de hoofdparachute.

De trainingssprongen werden van 180 tot en met 450 meter hoogte gemaakt, afhankelijk van de tijd, windkracht en de hoeveelheid bepakking die een soldaat om had. De kwalificatiesprongen werden meestal gemaakt vanaf 300 meter. De parachutisten konden tijdens het dalen van het uitzicht genieten en waren soms zo dichtbij elkaar dat ze met elkaar konden praten.

Voor de soldaten die bleven aarzelen in de deuropening, was er geen tweede kans. Elke seconde vertraging tussen de springende para's zorgde voor een grotere onderlinge afstand bij het landen en dus een kleinere kans om snel de stick te verzamelen en als groep aan de missie te beginnen.

Hoewel het overdreven klinkt, het aarzelen in de deur betekende directe diskwalificatie uit de parachutistentraining en de soldaat werd onmiddellijk van de basis gehaald en naar een normale infanterie-eenheid gestuurd. Tijdens de oorlog verloren soldaten hun leven als ze niet dicht bij elkaar landden. Sinds de tweede wereldoorlog is er weinig veranderd bij de training, de discipline en de aandacht voor detail bij de soldaten die willen slagen voor de parachutistentraining.

De C-47 Skytrain (volgens de Amerikanen) of de Dakota (volgens de Britten) washett transportvliegtuig dat werd gebruikt om de parachutisten te vervoeren. Tijdens de oorlog werden er meer dan 10.000 van gebouwd. Naast het vervoeren van paratroepen, konden ze ook voorraden afwerpen en zweefvliegtuigen trekken.

Voor de meeste mannen was het de eerste keer dat ze in een vliegtuig vlogen, voor sommigen de eerste keer dat ze er een zagen! Deze mannen maakten vele oefensprongen, zowel in Amerika als in Europa. Hoewel ze heel wat keren waren opgestegen, hadden de meesten nog nooit een landing in een vliegtuig meegemaakt... ze waren er elke keer uitgesprongen!

L4
B
L4
C

PARA LAARZEN EN PARA VLEUGELS

De mannen die de parachutistenschool met succes afsloten, kregen daarna een uitgebreide diploma-uitreiking. Dat was zo in de jaren 40 van de vorige eeuw en is nu nog steeds zo. Voor vele mannen was dit een van de meest trotse momenten van hun leven. De nieuwe para's kregen hun zilveren "Leger Parachutisten Onderscheidingsteken" ook bekend als de Para vleugels, die op de linkerborst werd gespeld. Misschien wel belangrijker, de mannen mocht nu hun para laarzen ook buiten de trainingsbasis dragen. Door het dragen van de para laarzen met daarin de broekspijpen geplooid, konden ze zich onmiddellijk onderscheiden van ALLE andere soldaten in elke tak van dienst. Ze waren hier zeer trots op en namen het zeer serieus. Voor het recht om de para laarzen en geplooide broekspijpen te dragen, hadden ze heel hard gewerkt!

Parachutisten noemden alle andere soldaten "benen" omdat de broeken bij hen recht langs de benen hingen. Als de para's "benen" zagen die toch de broek geplooid hadden, werden er zeker woorden gewisseld en soms zelfs klappen.

Bij het uitreiken van de weekendverloven was het vaak nodig om langs de sergeant te gaan voor inspectie. Alles aan het parachutisten uniform moest er perfect uit zien, zeker buiten de basis. De vouwen in de broeken en shirts moesten vlijmscherp zijn en de laarzen moesten glanzen!

De para laarzen werden soms "Corcorans" genoemd, naar het bedrijf dat ze fabriceerde Corcoran & Matterhorn. Parachutisten hadden een speciale manier van het rijgen van de veters voor extra ondersteuning van de enkel bij de landing. De Corcorans worden tot op de dag van vandaag nog steeds gemaakt!

Voor elke gevechtssprong werd een bronzen ster aan de para vleugels toegevoegd. De meeste mannen van Easy Compagnie hadden één of twee bronzen sterren voor het springen boven Normandië en Nederland. Kapitein Lewis Nixon was één van de vier mannen in Easy Compagnie (en van de weinigen in de 101ste Airborne) die drie gevechtssprongen had gemaakt en ook zijn derde bronzen ster had verdiend. Nixon was tijdens *Operatie Varsity*, de landingen in Duitsland aan de noordkant van de Rijn in maart 1945, tijdelijk aan de 17e Airborne toegevoegd. De rest van Easy compagnie was op dat moment op krachten aan het komen in Mourmelon in Frankrijk.

De andere drie manschappen in Easy Compagnie met een derde ster op hun para vleugels waren: Padvinders Korporaal Richard Wright, Korporaal Carl Fenstermaker en Soldaat Lavon Reese. Padvinders waren vrijwilligers binnen de vrijwillige parachutisten eenheden. Zij hadden de specifieke missie om ongeveer een uur voor de rest van te troepen te landen. In groepen van 8-10 man hielpen zij de rest van de para's om op de juiste plek te landen. Met gespecialiseerde apparatuur zoals radiozenders konden de padvinders de vliegtuigen naar het landingsveld gidsen.

PATCHES EN ONDERSCHEIDINGSTEKENS

DE PARA-DOBBELSTENEN PATCH

Dit ontwerp bestaat uit een dalende adelaar met een parachute op de achtergrond. Op de "paar dobbelstenen" staan een "5" en een "6" die verbonden worden door een grote zwarte "0" -- samen is dat 506. Deze symbolen samen tonen het 506de als parachutisteneenheid die van boven aanvalt.

Vanaf het moment dat het 506de officieel onderdeel werd van de 101ste Airborne, mocht het ontwerp niet langer gebruikt worden. Trots als de mannen waren, negeerden ze deze regel en werd het ontwerp voorop hun uniform of op de leren jas gedragen.

HET KENMERKENDE EENHEIDSINSIGNE

Deze wordt nog steeds gedragen, het blauwe vlak op het metalen insigne vertegenwoordigt de infanterie, de tak van dienst van het 506de parachutisten infanterie regiment. De bliksemschicht staat voor de specifieke dreiging en het vermogen om van boven aan te vallen en toe te slaan met snelheid, kracht en verrassing. Zes parachutisten tonen het 506de als het zesde parachutistenregiment dat geactiveerd is in het Amerikaanse leger. Het groene schaduwbeeld aan de onderkant symboliseert de Currahee berg. De plek waar het regiment werd geactiveerd in Toccoa, Georgia. De berg staat ook voor de kracht, onafhankelijkheid en de mogelijkheid van het regiment om alleen te staan tegenover de vijand, een eigenschap waar de trotse parachutisten om bekend zijn.

DE 101 STE AIRBORNE SCHOUDERPATCH

De patch van de 101ste Airborne is tot op de dag van vandaag een van de meest herkende schouderpatches in het Amerikaanse leger. Het heeft de divisie de bijnaam "Schreeuwende Adelaars" gegeven.

De adelaar is een eerbetoon aan "Oude Abe," een echte zeearend geboren in 1861 en vernoemd naar president Abraham Lincoln. Oude Abe was de mascotte van de 8th Wisconsin dat tegen het leger van de rebellen vocht tijdens de Amerikaanse Burgeroorlog. Oude Abe was aanwezig bij alle gevechten en werd gedragen door een sergeant op een speciale stang.

In 1921 werd de 101ste infanteriedivisie opgericht in Wisconsin nadat het tijdens de Eerste Wereldoorlog een reserve-eenheid was geweest. Ook al hadden ze niet deelgenomen aan gevechten, toch werd de patch gebruikt om hen te identificeren. Toen de 101ste Airborne werd geactiveerd als een parachutisten divisie in 1942, werd Oude Abe met zijn lange geschiedenis gekozen om hen opnieuw te vertegenwoordigen.

AIRBORNE
Currahee
Anneke

HET VRIJHEIDSBEELD

Van mei tot juli 1943 vertrokken de mannen per trein naar de andere eenheden van de 101ste Airborne. Daar gingen ze als divisie meedoen aan grote gevechtsoefeningen bij Camp Mackall in North Carolina en daarna in Kentucky, Tennessee en Indiana. Deze oefeningen waren de grootste die het Amerikaanse leger ooit had gehouden voor de paratroepen. Om het echt te maken, sliepen de mannen in tenten en aten gevechtsrantsoenen. Ze vroegen zich af of ze naar Europa zouden worden gestuurd om tegen de Duitsers te vechten of naar de Stille Zuidzee en de Japanners.

In augustus 1943 werd die vraag beantwoord. De mannen van Easy Compagnie en de rest van de 101ste Airborne verzamelden in Camp Shanks niet ver van de stad New York. De volgende stap was de reis naar Engeland om het vervolgens tegen de Duitsers op te nemen. Om Duitse spionnen op het verkeerde been te zetten, moesten alle leden van de 101ste Airborne hun Schreeuwende Adelaar patch verwijderen en mochten hun paralaarzen niet dragen.

Kapitein Sobel schreef een brief naar de moeders van de manschappen voor ze vertrokken:

Geachte mevrouw, binnenkort springt uw zoon uit de lucht om de vijand aan te vallen en te verslaan. Hij heeft de beste wapens en uitrusting en heeft maanden van zware training gehad die hem heeft voorbereid op succes op het slagveld. Uw regelmatige brieven vol liefde en aanmoediging zullen hem met een vechtend hart bewapenen. Daarmee kan hij niet falen en alleen maar glorie verwerven, hij zal u trots maken en het land zal voor eeuwig dankbaar zijn voor zijn dienst in het uur van nood.

Herbert M. Sobel, Kapitein, Commandant.

De mannen gingen via de lange steile loopplank aan boord van de S.*S. Samaria*. Dit schip was gemaakt om 1000 mensen te vervoeren, maar tijdens deze reis waren het er 5000. De mannen verzamelden zich bij de reling en zwaaiden naar de mensen op de boten in de haven. Kort na het vertrek salueerde Bill Guarnere het Vrijheidsbeeld bij het voorbij varen. De Samaria was onderdeel van een groot konvooi van ruim 100 schepen dat in een zig-zag patroon voer om eventuele Duitse onderzeeboten in de Atlantische Oceaan op een dwaalspoor te brengen.

Aan boord waren aan elk bed twee mannen toegewezen. De bedden waren vierhoog gestapeld en er was nauwelijks genoeg ruimte om je in bed om te draaien. De mannen moesten om de beurt in het bed slapen of onder de sterrenhemel op het dek. Veel mannen kozen ervoor om buiten te slapen in plaats van in de overvolle ruimtes benedendeks.

De dagelijkse routine aan boord was niet heel opwindend en ook de maaltijden hielpen niet. Het eten werd bereid door Britse koks en bestond uit gekookte vis, tomaten en dunne sneeën brood. Deze maaltijden waren niet populair bij de Amerikanen en ook zeeziekte, veroozaakt door de hoge golven, zorgde er voor dat sommigen probeerden te overleven op snoeprepen en koekjes. Douchen kon alleen met koud, zout water. Drinkwater was slechts een paar uur per dag beschikbaar. Vele mannen hadden geen zin in de koude douches en begonnen te stinken, vooral in de kleine drukke ruimtes benedendeks. Naast de reddingsoefeningen en de wapeninspecties gebruikten ze hun tijd om te lezen, over thuis te praten en te gokken of te kaarten.

Voor vrijwel elke man was het de eerste reis buiten Amerika. Gedachten aan thuis en hun geliefden vulden de hoofden terwijl Amerika langzaam aan de horizon verdween. Maanden en maanden van strak georganiseerde training werden plots vervangen door dagenlange onzekerheid terwijl ze over de oceaan voeren. Het duurde twaalf dagen om Engeland te bereiken.

Easy Compagnie was een stap dichter bij de oorlog.

Sobel en Winters, van Aldbourne naar Upottery

Easy Compagnie kwam terecht in Aldbourne. Een klein en rustig dorpje in het zuiden van Engeland. Het leven onder Sobel's regels was echter verre van rustig. Hij schreeuwde altijd tegen de mannen en er kon zelfs geen grapje af. Bij de kleinste overtreding werden de schuldigen veroordeeld tot het schoonmaken van de toiletten. Luitenant Winters was nog steeds de plaatsvervangend commandant van Easy Compagnie en was de tegenpool van Sobel. Ze waren beiden in goede conditie, maar Winters was rustig en kalm. Misschien wel belangrijker, hij was rechtvaardig als het om de regels van het leger ging. Hoewel ze het doel van Sobel om Easy compagnie beste van de 101ste Airborne te maken waardeerden, hadden ze het gevoel dat Winters echt om ze gaf. Ze keken toe hoe de vijandigheid tussen Sobel en Winters groter werd en daarmee ook de kloof tussen deverschillende vormen van liederschap.

Tegelijkertijd gingen de dagelijkse trainingen door en werden zelfs nog intensiever: man tegen man gevechten, schuttersputten graven, eerste hulp, handgebaren en kennis van chemische oorlogsvoering. Het maken van parachutesprongen gebeurde steeds vaker in volledige gevechtsbepakking en de mannen oefenden het ontwijken van bomen en water door te trekken aan de koorden die aan de parachute vast zitten. Soldaat Rudolph Dittrich verloor zijn leven toen zijn parachute tijdens een oefensprong niet openging, waardoor de rest zich weer realiseerden hoe gevaarlijk hun werk was.

Naarmate de tijd verstreek, kregen de mannen steeds minder vertrouwen in de manier waarop Sobel tijdens de oefeningen leiding gaf. Bij de oefeningen bleven de soldaten nu lange dagen en nachten in het veld. Om te oefenen slopen ze door de bossen om stil en toch bij elkaar te blijven. Maar Sobel was helemaal niet stil in de bossen, en regelmatig verdwaalden ze doordat hij slecht kon kaartlezen. Bij oefenaanvallen op andere eenheden leidde hij zijn mannen zelfs in hinderlagen. Doe je dit tijdens een gevechtssituatie dan vallen er doden. Als Sobel zo slecht was in de basistechnieken die een soldaat moest kennen, zoals kaartlezen en aanvalstactieken, hoe kon hij de mannen dan leiden tijdens een gevecht? Het was de vraag die de mannen elkaar steeds stelden. Het gevecht tussen Sobel en Winters stond op het punt te ontploffen en dat zou Easy compagnie voorgoed veranderen.

In oktober 1943 gaf Sobel de opdracht aan Winters om de toiletten te inspecteren om 10:00 uur. Wat Winters niet wist, was dat hij de tijd had verzet naar 09:45 uur. Toen Winters dan ook "te laat" was voor de inspectie, trok Sobel als straf het weekendverlof van Winters in, een typische actie van hem. Winters had er genoeg van en hij schreef aan Sobel "Ik verzoek een proces voor de krijgsraad vanwege het niet tijdig inspecteren van de toiletten op deze dag." Door deze gedurfde eis, moest er een officieel onderzoek ingesteld worden en werd Winters tijdens het process overgeplaatst naar de keuken, een deprimerende plek voor een leider die bij zijn mannen wilde zijn.

De onderofficieren en de sergeanten, hadden er helemaal genoeg van nu Winters voor zoiets onbenulligs als een wc-inspectie door Sobel gestraft werd. Ze schreven allemaal een brief naar kolonel Sink waarin ze ontslag namen. Een actie waarvoor je tijdens de oorlog vanwege verraad de kogel kan krijgen. Deze actie onderstreepte duidelijk de gevoelens van de onderofficieren over het gebrek aan leiderschap van Sobel, tijdens hun voorbereidingen op de oorlog.

Kolonel Sink was woest op de onderofficieren! Een aantal werden in rang gedegradeerd en er werden enkelen naar andere compagnieën in het 506deovergeplaatst. Kolonel Sink wist nu dat Sobel niet langer het commando over Easy Compagnie kon houden en dus werd Sobel overgeplaatst naar de parachutistenschool in Chilton Foliat, Engeland. Daar zou hij helpen om burgers zoals dokters en aalmoezeniers te trainen om met een parachute bij de soldaten in de strijd te landen.

Luitenant Thomas Meehan werd van Baker Compagnie naar Easy Compagnie overgeplaatst en nam het commando over. Winters kwam weer terug en werd commandant van het 1ste peloton van Easy Compagnie. De rust was eindelijk teruggekeerd en het leiderschap van Easy Compagnie was nu in betrouwbare handen. Dit was een belangrijke wisseling, want op 29 mei 1944 werden de mannen in vrachtwagens geladen. Ze reden verder naar het zuiden, naar het vliegveld bij Upottery waar rijen C-47's transportvliegtuigen op de paratroepen stonden te wachten. Ze lieten alles achter wat niet noodzakelijk was.

De oorlog doemde op aan de horizon.

3 Oct. '43
Subject: Punishment under 104 A.W. or Trial by Courts Martial.
To: Capt. H. M. Sobel
1. I request trial by Courts Martial for failure to inspect the latrine at 0945 this date.
Lt. R. D. Winters
E.O., Co. E

WAPENS

De **M-1 Garand** was het meest gebruikte infanteriegeweer dat tijdens de Tweede Wereldoorlog door alle takken van het Amerikaanse leger en marine gebruikt werd. Tijdens de oorlog zijn er ongeveer 5.400.000 van gemaakt en ze waren tot in de jaren 60 in gebruik, dus bijna 30 jaar. De bekende Amerikaanse generaal George S. Patton noemde de Garand "het beste wapen ooit ontwikkeld." Om het wapen te laden moest een clip van 8 patronen vanaf de bovenkant in het wapen gedrukt worden. Het wapen woog ongeveer 4,3 kg en had een effectief bereik van 550 meter.

Van de **Thompson pistoolmitrailleur**, bijnaam "Tommygun," zijn er tijdens de Tweede Wereldoorlog meer dan 1.500.000 gemaakt. De Thompson had een magazijn voor 20 kogels en was een waardevol bezit voor de mannen die er een wisten te bemachtigen. Vaak werden ze aan onderofficieren gegeven, maar de soldaten die een patrouille moesten leiden wilden er ook graag een hebben. Dit omdat het wapen een hoge vuursnelheid had en bijzonder effectief was op de korte afstand, 50 tot 75 meter. Het maximum bereik lag rond de 150 meter.

De **M-2 60 millimeter mortier** hoorde in het ondersteuningspeloton en had een sectie van 3-4 man nodig om het te bedienen. Er zijn er ongeveer 60.000 van gemaakt. Om te vuren liet men een granaat van boven in de loop vallen die er daarna met hoge snelheid uitgeschoten werd. Dit wapen was ideaal voor de paratroepen, die geen gepantserde ondersteuning hadden. De mortiersectie bestond uit een sectiecommandant, richter, lader en soms ook een munitiewerker. De mortier werd in drie delen vervoerd: de basisplaat, loop en driepoot die samen ongeveer 19 kg wogen. Elke mortiergranaat woog ongeveer 1,3 kg en kon afgevuurd worden over een afstand tussen 182 tot 1820 meter, afhankelijk van de hoek waarin de loop stond. Een goed getrainde sectie kon 18-20 granaten per minuut afvuren. Aangezien de mortier met een boog schiet, was het een effectief wapen om op doelen te schieten die in het terrein verborgen waren, zoals in bossen of gebouwen, maar ook de andere kant van een dijk (zoals in Nederland gebeurde).

D-DAY – OVERZICHT

De invasie van Europa op 6 juni 1944 was een van de grootste militaire operaties aller tijden en aan de planning werd meer dan twee jaar gewerkt. Meer dan 1,4 miljoen Amerikaanse soldaten waren in Groot-Brittannië gearriveerd en toen de aanval op het punt stond te beginne, waren er ook nog eens 600 000 soldaten uit: Groot-Brittannië, Canada, Australië, België, Frankrijk, Nederland, Polen, Nieuw- Zeeland, Noorwegen, Griekenland en Tsjecho-Slowakije.

Operatie Overlord was de codenaam voor de landingen in Normandië in bezet Frankrijk, die de geallieerden lanceerden op 6 juni 1944 (D-Day). Generaal Dwight Eisenhower, de latere president van Amerika, had het commando over alle geallieerde troepen.

Alle informatie over de operatie was gemarkeerd als "BIGOT," een hogere classificatie dan "TOP GEHEIM." BIGOT was een afkorting voor Britse Invasie Duits Bezet Gebied (**B**ritish **I**nvasion **G**erman **O**ccupied **T**erritory). De Britse premier Winston Churchill had deze afkorting bedacht nog voor Amerika in de oorlog betrokken raakte en deze bleef in gebruik toen Eisenhower het commando overnam. Iedereen die kennis had van de operatie, werd toegevoegd aan de BIGOT lijst. Als je op deze lijst stond, mocht je niet meer buiten het Verenigd Koninkrijk reizen voor het geval je gevangen werd genomen en de geheimen kon verklappen. De enige uitzondering was Winston Churchill.

Tussen april 1944 en 6 juni 1944 maakten de geallieerden meer dan 3200 foto's van de Normandische kust. Van op zeer geringe hoogte fotografeerden ze de Duitse soldaten, het terrein, de obstakels op het strand, de bunkers en geschutsopstellingen. Om de Duitsers te verwarren, werden er ook vluchten gemaakt over de Spaanse kust in het zuiden tot en met Noorwegen in het noorden.

Hoewel de Duitsers er zeker van waren dat de invasie op het punt stond te beginnen, wisten ze niet de exacte plek waar de geallieerden aan land zouden komen. Daarom gaf Adolf Hitler veldmaarschalk Rommel het bevel om langs de hele kust bunkers te bouwen. Dit moest de "Atlantische Muur" worden. Deze muur was 4200 kilometer lang en bestond uit betonnen bunkers en prikkeldraad bewaakt met machinegeweren. Daarnaast werden er ook houten en stalen obstakels op het strand geplaatst zodat schepen niet aan land konden komen en om tanks tegen te houden. Rommel gaf ook de opdracht om ruim 5 miljoen landmijnen te begraven om elke aanval af te slaan en de vijand daarna terug de zee in te drijven.

De geallieerden gebruikten de bekende generaal Patton om de Duitsers ervan te overtuigen dat de landing in het Nauw van Calais zou plaatsvinden. Dit was een logische keuze aangezien dat het dichtst bij Groot-Brittannië ligt. Met behulp van opblaasbare tanks en houten vliegtuigen werden de Duitse fotoverkenningsvluchten boven het oosten van Engeland om de tuin geleid en een groep van ruim 1100 specialisten werkten aan een groot afleidingsplan. Een onderdeel was om radio-uitzendingen te simuleren die zogezegd het verplaatsen van grote groepen soldaten in dat gebied aankondigden. Dit had het gewenste effect want zelfs weken na de invasie van Normandië, hadden de Duitsers nog 150.000 soldaten en vele tanks achter gehouden in het Nauw van Calais. Deze troepen hadden ze heel goed kunnen gebruiken in Normandië.

In Normandië hadden generaal Eisenhower en de geallieerde bevelhebbers een stuk kustlijn van zo'n 80 km gekozen als plaats voor de invasie. De Amerikanen kregen twee stranden toegewezen met als codenaam *Utah en Omaha*. De Britten zouden landen op Sword en Gold en de Canadezen op een stuk strand met als codenaam *Juno*.

D-DAY – OVERZICHT

Binnenkort begin je aan de Grote Kruistocht, waar we de afgelopen maanden naar toe hebben gewerkt. De ogen van de wereld zijn op jou gericht. De gebeden en hoop van de mensen die van vrijheid houden, marcheren met je mee. Samen met de andere geallieerde wapenbroeders op de andere fronten ga je de Duitse oorlogsmachine vernietigen en daarmee de nazitirannie beëindigen in bezet Europa en veiligheid brengen voor ons allen in een vredige wereld.

-- Eisenhower, brief aan de geallieerde troepen.

Voor de invasie hadden de parachutisten een volle maan nodig om de dropzones en doelen te kunnen vinden. Om de obstakels op het strand te ontwijken, wilden de geallieerden vroeg op de dag bij laagtij (eb) op de stranden landen. Door deze twee eisen waren er in juni niet veel dagen waarop de invasie kon plaatsvinden, maar op 5 juni werd aan beide voorwaarden voldaan. Door slecht weer werd de invasie één dag uitgesteld naar 6 juni.

Voorafgaand aan de invasie voerden meer dan 1000 bommenwerpers elke dag aanvallen uit op de Duitse vliegvelden, bruggen, rangeerterreinen en Duitse militaire installaties. Door deze strategie werd ook de Duitse luchtmacht (Luftwaffe) vernietigd. Tijdens D-Day was deze helemaal afwezig. Op 6 juni werd dan ook geen enkel geallieerd vliegtuig in een luchtgevecht neergeschoten.

Op D-Day werden, voorafgaand aan de invasie, 24.000 parachutisten boven Normandië gedropt. De Amerikaanse 82ste en 101ste Airborne divisies werden vergezeld door de Britse 6de Airborne divisie. Door zwaar Duitse luchtafweer, landen slechts 15% van de soldaten op de geplande locaties. Hoewel ze verspreid waren, begonnen de parachutisten van verschillende eenheden zich te verzamelen in gevechtsteams en begonnen naar hun doelen op te trekken.

Als gevolg van de verspreide landingen: over een groot gebied hadden de Duitsers geen idee waar en hoeveel parachutisten er geland waren. Om de Duitsers verder in verwarring te brengen, werden honderden met zand gevulde poppen ver van de echte parachutisten gedropt. Deze poppen, die “Rupert” werden genoemd, leken op echte parachutisten en sommigen ontploften bij landing. Dit zorgde voor nog meer chaos onder de Duitse troepen.

Om 05:45 uur opende de geallieerde marine het vuur met 5 gigantische slagschepen, 20 kruisers, 65 torpedojagers en 2 Britse monitor oorlogsschepen. Om 06:25 uur stopte de beschieting en kwamen de eerste mannen vanuit ruim 4000 landingsboten aan wal.

Helaas was al deze vuurkracht niet genoeg om te voorkomen dat er op het Omaha strand zware verliezen werden geleden. Deze plek had dan ook de sterkste verdediging van alle invasie stranden. De Amerikaanse 1ste en 29ste divisies werden opgewacht door een Duitse divisie in plaats van een regiment. Door deze sterke tegenstand vanaf hoge kliffen vielen er meer slachtoffers op dit strand dan op alle andere stranden samen.

Niet alleen een goede planning speelde een grote rol bij het slagen van de landingen, ook geluk hielp een handje. Bij de Duitsers ontbraken er een aantal belangrijke commandanten wat de geallieerden goed van pas kwam. Omdat veldmaarschalk Rommel dacht dat de zee veel te ruw was, ging hij op bezoek bij zijn jarige vrouw in Duitsland. Daarnaast had Hitler de opdracht gegeven dat alleen hij de nabijgelegen tanks kon vrijgeven. Omdat hij die dag tot in de middag sliep en niemand hem wakker durfde te maken, duurde het lang voor de tanks de invasiestranden konden bereiken.

Hoewel D-Day een succes was en er een bruggenhoofd in Normandië veroverd was voor troepen en materieel, werd er een hoge prijs betaald. Meer dan 9000 geallieerde soldaten werden die dag gedood. Maar er waren wel ruim 132.000 soldaten aan land gekomen, de bevrijding van Europa was begonnen.

D-DAY VOOR EASY COMPAGNIE

Voor de start van de missie hadden de koks een heerlijke maaltijd bereid voor Easy Compagnie: biefstuk en aardappelen, erwten, brood met boter en voor het ontbijt zelfs ijs! Het was de beste maaltijd die het leger hen ooit had gegeven. De mannen maakten hun gezichten zwart met schoenpoets. Aangezien er geen voorraden waren achter de vijandelijke linies waar ze zouden landen, hadden de para's grote extra zakken op hun broeken en jassen om extra voorraden te dragen. In de zakken op de broek deden ze hun K- rantsoenen, een voedselpakket dat genoeg zou moeten zijn voor drie dagen. In hun rugzak, een musette bag genoemd, droegen ze een poncho, deken, toiletartikelen en eetgerei (bord, lepel en beker). In de riem rond hun middel zaten 10 clips M-1 geweer munitie (in totaal 80 kogels), een kleine schep (om zich in te graven), veldfles, bajonet en gasmasker (die vaak snel na de landing werd weggegooid). De meeste mannen droegen bretellen waarop granaten en een pistool waren vastgemaakt. Paratroepers bonden hun mes aan de zijkant van hun laars en een klein zakmes in een zak met een rits bij de kraag van hun jas. Dit mes was gemakkelijk te pakken en kon gebruikt worden als ze in een boom waren geland en de touwen moesten doorsnijden om eruit te komen. Ze droegen ook 10 meter touw bij zich, mocht het nodig zijn om uit een boom te klimmen.

Aan al deze spullen werd ook een stalen helm, een parachute op hun rug, een reserveparachute op hun borst en een geel zwemvest toegevoegd. De machinegeweerschutters en de mortierbemanning hadden ook nog deze wapens. Om de munitie te helpen dragen, werd deze verdeeld over de anderen. De hospikken en de radiomannen hadden ook nog hun specifieke bepakking. Met zoveel spullen was het zelfs moeilijk om te lopen! Soms waren er twee tot vier mannen nodig om één man het C-47 transportvliegtuig in te krijgen.

De parachutisten kregen een klein kinderspeelgoedje genaamd een “klikker.” Door erop te drukken maakte deze een “klik klak” geluid. Doordat ze in het donker zouden landen, was het moeilijk om vriend van vijand te onderscheiden. Een paratroeper zou één keer klikken, de andere persoon twee keer. Hierdoor wisten ze dat ze vrienden waren. Zonder klikker gebruikten de mannen tijdens D-Day ook wachtwoorden. Het antwoord op de vraag “bliksem” of “Flash” was “donder” of “Thunder.” Deze wachtwoorden werden elke dag veranderd.

Kort na middernacht begonnen de groepen C-47's op te stijgen. De vliegtuigen vormden samen een formatie die op een “V” leek en drie “V” sets vormden samen een grotere V-formatie. De gezichten in de vliegtuigen werden verlicht door gedimde rode lampen. Het lawaai van de motoren maakte praten onmogelijk. Een aantal sliepen. Sommigen waren aan het bidden. Iedereen was verzonken in gedachten over wat hun eerste ervaring met gevechten zou brengen. De Duitsers wachtten achter hun “Atlantische Muur.”

Vlak voordat hij aan boord van de C-47 ging, kwam Bill Guarnere, de soldaat die een saluut had gegeven aan het Vrijheidsbeeld, er bij toeval achter dat zijn broer was gesneuveld in Italië. Hij wilde wraak. In de gevechten in Normandië kreeg hij de bijnaam “Wild Bill” door wraak te nemen op de vijand.

Toen de vliegtuigen de kust bereikten, kwamen ze onder vuur van luchtdoelgeschut. De mannen konden de scherven tegen het metaal van het vliegtuig horen slaan. Op sommige plekken zagen ze grote kogelgaten van de vloer naar het dak van het vliegtuig verschijnen. Elke derde of vierde kogel was e en rood of groen lichtspoor waardoor de Duitsers vanaf de grond in het donker konden richten.

De piloten stuurden de vliegtuigen naar links en rechts, boven en beneden, om te voorkomen dat ze werden geraakt, waardoor de parachutisten alle kanten op gesmeten werden. De duizenden ongeduldige parachutisten die allemaal uit het vliegtuig wilden ontsnappen ,werden overmand door een gevoel van hulpeloosheid. Toen het groene licht eindelijk aanging, verspilden ze geen moment en sprongen eruit! Veel piloten waren instinctief harder gaan vliegen om te voorkomen dat ze neergeschoten zouden worden. Bij de soldaten die sprongen uit vliegtuigen die te hard vlogen, warden uitrustingsstukken en wapens van hun af gezogen. Daardoor landden ze alleen, in het donker, door de vijand omsingeld, met slechts een mes aan hun laars gebonden. Weer anderen zagen de lichtspoormunitie gaten branden in hun parachute, dit gaf weer een zeer hulpeloos gevoel. Doordat de piloten zo vaak uitgeweken waren, landde vrijwel iedereen op de verkeerde plek.

Generaal Taylor, de commandant van de 101ste Airborne had de mannen drie dagen en drie nachten vechten beloofd...dit zou echter niet zo zijn.

L4
Anneke

BRECOURT MANOIR

Easy Compagnie had rond het dorp St. Marie-du-Mont moeten landen, maar de meeste parachutisten waren verspreid geland over een groot gebied, waardoor er niets anders op zat dan om zich in het donker lopend en vechtend bij de eenheid aan te sluiten.

Luitenant Winters vond een groep soldaten van het 2de Bataljon in het gehucht Le Grand Chemin. Bij het ochtendgloren op 6 juni 1944 bleek Winters de hoogste officier in rang te zijn van Easy, hoewel de meeste mannen van de compagnie nog nergens te bekennen waren. Wat ze op dat moment niet wisten was dat stick nummer 66, met daarin Luitenant Thomas Meehan, de commandant van Easy Compagnie, was neergeschoten en dat iedereen was omgekomen.

Winters kreeg de opdracht om een Duitse artillerie batterij te vernietigen die aan het vuren was op de Amerikaanse troepen die zo'n 5 kilometer verder op het Utah strand waren geland. De batterij, bij een boerderij genaamd Brecourt Manoir, was niet ontdekt tijdens de fotoverkenningen voor de invasie. Omdat er verder geen informatie was, ging Winters zelf op onderzoek uit. Hij zag vier Duitse 105mm kanonnen, verbonden met een serie loopgraven. De kanonnen werden verdedigd door ongeveer 60 Duitse soldaten. Aangezien hij maar een kleine kans op success had, wist hij dat tijdens deze aanval verrassing zijn grootste bondgenoot was.

Winters verdeelde zijn 12 mannen in twee groepen en gaf de opdracht om twee machinegeweren op te stellen en zo de Duitsers aandacht te splitsen en af te leiden. Winters begon de aanval met "Volg mij!" Winters en zijn mannen gingen voorwaarts, voorovergebogen in de loopgraven om niet gezien te worden. Gewapend met granaten en geweren kwamen ze al snel oog in oog met de Duitsers bij het eerste kanon. De vier kanonnen moesten één voor één vernietigd worden en tegelijkertijd moesten ze zich verdedigen tegen de Duitsers die hun eigen machinegeweren in het veld hadden geplaatst. Het ene na het andere kanon werd vernietigd door een blok TNT in de loop te plaatsen en deze met een handgranaat tot ontploffing te brengen.

Later, kwam versterking van zes mannen van Dog, Fox en Hoofdkwartier (HQ) compagnie die het laatste kanon voor hun rekening namen. Winters vond een Duitse kaart waarop alle artillerie en machinegeweer posities in de regio stonden getekend. Deze informatie van onschatbare waarde gaf Winters aan zijn vriend en inlichtingenofficier luitenant Lewis Nixon.

Voor zijn superieure leiderschap werd Winters door kolonel Sink voorgedragen voor de Medal of Honor, maar deze werd aangepast naar de Distinguished Service Cross, de op één na hoogste onderscheiding. Daarnaast werden er nog meer medailles uitgereikt voor deze actie:

ZILVEREN STER OF SILVER STAR

2de Luitenant Lynn "Buck" Compton, Sergeant William "Wild Bill" Guarnere, Soldaat der Eerste Klasse Gerald Lorraine.

BRONZEN STER OF BRONZE STAR

Sgt. Carwood Lipton, Robert "Popeye" Wynn (Purple Heart), Cleveland Petty, Walter Hendrix, Don Malarkey, Myron Ranney, Joseph Liebgott, John Pleash, Korporall Joy Toye, John D. Hall (gedood, Purple Heart), Sgt. Julius "Rusty" Houch (gedood, Purple Heart).

Winters zei later over deze actie: *Jaren later hoorde ik van iemand die van het strand aan l a n d was gekomen. Deze man, een hospik, was een aantal tanks aan het volgen. Toen ze van het strand kwamen, werd een van de tanks uitgeschakeld. Toen de chauffeur uit de tank klom, stapte hij op een mijn. De hospik ging het veld in en verzorgde de man. Later, nadat het boek in 1992 was uitgekomen, schreef de hospik mij een brief waarin hij vertelde dat hij zich altijd had afgevraagd hoe het kwam dat de kanonnen waren gestopt met vuren op het Utah strand. "Heel hartelijk bedankt" schreef hij "als die kanonnen niet waren uitgeschakeld, dan had ik het nooit gered". Deze hospik werd later een Amerikaanse procureur-generaal. We deden dus iets goeds voor de soldaten die aan land kwamen tijdens D-Day en dat gaf me een heel goed gevoel.* (American History Magazine, Augustus 2004, door Chris Anderson).

Anneke

CARENTAN

Op 12 juni kwamen Easy compagnie en het 506de aan bij Carentan. De stad was nog bezet door de Duitsers, maar de Amerikanen hadden deze nodig om de troepen van de Omaha- en Utah-stranden te verenigen.

Luitenant Winters gaf aan Easy Compagnie de opdracht om bij dageraad aan te vallen. Om de stad in te komen, nam Easy Compagnie een straat die naar beneden af liep en eindigde bij een t-splitsing. Toen de soldaten door de straat renden, opende een Duits machinegeweer het vuur en werden ze ook beschoten met geweren vanuit het gebouw recht voor ze. Easy zocht dekking in de greppels, waar ze lagen als schietschijven. Winters wist dat zijn mannen zeker zouden sterven als ze niet in beweging kwamen en hij stond daar, in het midden van de straat, te schreeuwen en schopte letterlijk de mannen om in beweging te komen. Het was ongelooflijk dat Winters niet geraakt werd door de kogels die overal om hem heen insloegen. Zijn geschokte mannen keken hem vol verwondering aan. Winters was normaal heel kalm. Zelfs onder druk, maar dit was een kant van hem die ze nog niet eerder hadden gezien. Dit motiveerde de mannen om de aanval voort te zetten.

Dankzij de snelle actie van Lt. Harry Welsh, die met een handgranaat het machinegeweer wist uit te schakelen, kon Easy Compagnie de kruising veroveren. Winters had zijn leiderschapstalent opnieuw getoond door zijn troepen te inspireren. Van gebouw tot gebouw moest Easy Compagnie daarna de Duitsers verjagen. Ze realiseerden zich dat dit slechts het begin was, Easy nam het op tegen hun Duitse tegenhangers, de Fallschirmjäger (parachutisten). Bij de eerste aanval waren er 10 mannen van Easy gewond, inclusief de zwaargewonde Ed Tipper.

In een eerstehulppost trof Winters een gewonde soldaat, Albert Blithe. Toen hij vroeg waar hij gewond was, antwoorde Blithe dat hij niets meer kon zien. Blithe had een conditie die “hysterisch blind” genoemd werd. Dit kan gebeuren door de stress van een zwaar gevecht. Winters probeerde Blithe gerust te stellen. Een tijdje later stond Blithe op en riep tot zijn grote vreugde dat hij weer kon zien. Onder de vaardigheden van Winters waren zijn bemoedigende woorden, die deze jonge soldaat hielpen herstellen van de schok van de strijd, waarna hij zich weer bij zijn vrienden kon aansluiten. Strijd doet rare dingen met het lichaam en de geest.

Easy compagnie en de rest van het 506de waren tot de volgende dag bezig om de Duitsers Carentan uit te drijven. Tijdens de laatste gevechten om de stad, kwam er een Duitse tank richting de linies van Easy C ompagnie gereden. Luitenant Welsh en soldaat John McGrath renden richting de tank het open veld in, rechtstreeks in het pad van de aanstormende tank. Ze vuurden met hun bazooka en raakten de tank vol in de niet gepantserde onderkant waardoor deze uitgeschakeld werd. Toen de Amerikaanse 2de Pantserdivisie arriveerde, konden de Amerikanen de Duitsers triomfantelijk uit Carentan verdrijven.

Carentan was het zwaarste gevecht voor de 101ste Airborne divisie in Normandië. Voor Easy was dit het meest hevige gevecht dat ze tijdens de oorlog moesten doorstaan. Na weken vechten in Normandië waren de mannen vies, moe en hadden al heel lang niet meer gedoucht. Op 1 juli kreeg Winters te horen dat hij werd gepromoveerd tot kapitein, de rang waar hij al sinds 6 juni naar had gehandeld als commandant van Easy compagnie.

Generaal Taylor had de mannen slechts drie dagen vechten beloofd. Drie dagen die 35 dagen met zware gevechten waren geworden. De reis terug naar Engeland zou per boot gaan en Easy compagnie ging aan boord van een LST (Landing Ship Tank) en ging zo terug naar Aldbourne. A a n d e hele 101ste Airborne werd later de Presidentiele Unit Citation uitgereikt voor haar acties in Normandië. Normandië had Easy compagnie 50% van haar mannen gekost.

CAFÉ DE NORMANDIE
Annette

WASSERETTE

Toen de Amerikaanse GI's (Government Issue, een bijnaam voor soldaten) in 1944 in Engeland arriveerden, waren de Britten al sinds 1939 in oorlog met de Duitsers. Een onderdeel van het Duitse plan tegen Groot-Brittannië was het met onderzeeboten doen zinken van de schepen met voorraden die onderweg waren naar het eiland. Hierdoor kwam er veel minder eten binnen dan nodig was en de Duitsers hoopten dat de Britten vanwege de honger zouden opgeven. Hierdoor was bijna alles op rantsoen: benzine, spek en ham, boter, suiker, vlees, thee, kaas, eieren, melk, fruit, zeep, papier en kleding. Zelfs kerstbomen waren vrijwel onmogelijk te krijgen, omdat ook hout op rantsoen was.

Ook in Amerika had iedereen moeite met het verkrijgen van deze basisartikelen, en ook met luxeartikelen. Vrijwel alles wat thuis gebruikt werd, was ook nodig voor het winnen van de oorlog en iedereen offerde spullen op om de oorlog te kunnen winnen. In Engeland waren er zelfs tot in 1953 artikelen op rantsoen, 8 jaar nadat de Duitsers verslagen waren.

De GI's kregen veel meer betaald dan hun Britse collega's. Op het moment dat ze in de dorpjes waren ingekwartierd, waren ze daardoor in staat te betalen voor zaken als het doen van de was. De dorpelingen konden daarmee wat extra geld verdienen.

Soms maakten gebeurtenissen die honderden kilometers van het slagveld af plaatsvinden net zoveel indruk als die tijdens het vechten. Nu Malarkey weer terug was uit Normandië, ging hij in Aldbourne naar de wasserette waar hij en een deel van de mannen van Easy Compagnie hun uniformen hadden achtergelaten. Toen Malarkey zijn was had betaald en wilde weggaan, vroeg de vrouw achter de balie of hij het erg vond om ook de was van een aantal anderen mee te nemen. Dat was voor haar gemakkelijk. Malarkey bekeek de labels op de stapels kleren en realiseerde zich toen dat veel van deze mannen geen schone was meer nodig hadden. Ze waren gedood in gevechten met de Duitsers in Normandië. Hoewel dit besef hem diep raakte, wilde hij de hoge prijs die de mannen betaald hadden niet delen met deze vrouw. Zo ver verwijderd van de oorlog.

In het leger hadden ze geleerd hoe ze moesten vechten en overleven, maar niet hoe ze moesten omgaan met het verlies van hun vrienden. In het heetst van de strijd hadden de soldaten geen tijd om het verlies te verwerken van hun maten die naast hen waren gesneuveld. Zelf overleven en het voltooien van de missie waren op dat moment belangrijker. Het zien van de netjes geschreven namen op de labels van de was maakte het verlies van zoveel gevallen kameraden plotseling heel tastbaar.

Voor de rest van zijn leven bleef deze gebeurtenis in het geheugen van Malarkey gegrift.

BLOSER
COLLINS
BURGESS
GRAY
MOYA
MEEHAN
EVANS
ELLIOT
HARRIS
OATS
Anneke

MEDAILLES (AMERIKAANSE LEGER)

De **Medal of Honor** (MoH) is de hoogste militaire onderscheiding die door de Amerikaanse overheid uitgereikt kan worden. De onderscheiding wordt persoonlijk door de Amerikaanse president uitgereikt, in naam van het Congres. Alleen individuen van de Amerikaanse strijdkrachten die opvallende moed en ondernemingszin toonden met gevaar voor eigen leven, boven wat de dienst vereist, in daadwerkelijk gevecht tegen een vijandelijke krijgsmacht, komen hiervoor in aanmerking. Elk onderdeel van de strijdkrachten heeft het blauwe lint en de sterren, maar de Medaille zelf verschilt per onderdeel.

Tijdens de Tweede Wereldoorlog zijn er 467 uitgereikt; 326 aan het Leger, 82 aan de Mariniers, 58 aan de Marine en 1 aan de Kustwacht.

Het **Distinguished Service Cross** (DSC) is de op één na hoogste gevechtsonderscheiding die wordt uitgereikt voor uitzonderlijke moed.

De **Silver Star** is de derde hoogste gevechtsonderscheiding en wordt uitgereikt voor dapperheid in actie.

De **Bronze Star** is de vierde hoogste gevechtsonderscheiding en wordt uitgereikt aan individuen die zich in een oorlogsgebied onderscheiden door heldhaftigheid, bijzondere prestaties of verdienstelijke uitoefening van hun taak.

De **Purple Heart** wordt uitgereikt aan individuen die in het gevecht gewond zijn geraakt of gestorven.

De **Combat Medic Badge** wordt uitgereikt aan soldaten die medische taken uitvoeren en tegelijkertijd in contact zijn met de vijand.

De twee belangrijkste symbolen zijn de ineengestrengelde slangen die de ontvangers medische expertise voorstellen, en de horizontale brancard die de actie in het gevecht voorstelt.

De **Combat Infantry Badge** (CIB) wordt uitgereikt aan soldaten die actief hebben deelgenomen aan een gevecht als voetsoldaat. Het meest in het oog springende onderdeel van deze onderscheiding is de 9 cm brede rechthoekige blauwe strook met daarop een Springfield Arsenal Musket, model 1795. De rechthoekige strook bovenop een elliptische krans van eikenbladen symboliseert het standvastige karakter, sterkte en loyaliteit.

* Generaal Maxwell Taylor stelde als mandaat dat slechts één Medal of Honor uitgereikt zou worden aan de 101ste Airborne divisie voor de gevechten in Normandië. Luitenant-kolonel Robert G. Cole, de commandant van het 3e bataljon 502de parachutisten regiment was de enige ontvanger. Hij kreeg deze voor zijn rol in het leiden van een bajonetaanval nabij Carentan. De aanbeveling van kolonel Sink voor de Medal of Honor voor Luitenant Winters werd daarom teruggebracht naar de DSC.

VALOR
FOR VALOR

OPERATIE MARKET-GARDEN

Voor de volgende operatie van start ging, moest Easy Compagnie eerst bijkomen en degenen die zich in de gevechten hadden bewezen als leiders kregen promotie. Het belangrijkste was nu het krijgen van vervanging voor zowel soldaten als uitrusting. De training, nu gebaseerd op de geleerde lessen in Normandië, zorgde ervoor dat de veteranen scherp bleven en de vervangers snel konden integreren. De mannen die gewond waren geraakt en in het ziekenhuis lagen, wilden zo snel mogelijk terug naar Easy Compagnie voordat het leger ze aan een andere eenheid zou toewijzen.

Operatie *Market -Garden (Market* voor de luchtlandingen en *Garden* voor het grondoffensief) was het plan om Nederland te bevrijden. Als het succesvol zou zijn, dan zou de oorlog voor Kerstmis afgelopen zijn. Volgens planning, maar tot verrassing van de mannen, sprongen ze overdag en niet 's nachts zoals in Normandië. Het plan was o m een 100 kilometer lange corridor van wegen en bruggen tussen Eindhoven en Arnhem te veroveren. Het was een ingewikkeld plan met veel risico's vanwege de vele waterwegen, dorpen en bossen. Dit gaf de Duitsers goede mogelijkheden om de aanval te blokkeren of een tegenaanval uit te voeren.

Op 17 September 1944 stegen meer dan 1400 C-47 *Dakota* vliegtuigen op vol parachutisten, daarnaast werden ook nog 450 zweefvliegtuigen getrokken. In totaal meer dan 20.000 parachutisten en 15.000 zweefvliegtroepen. De Amerikanen maakten gebruik van het *Waco* zweefvliegtuig dat was gemaakt van hout met aluminium buizen voor het frame. De *Waco* kon 13 soldaten vervoeren en werd door een *Dakota* door de lucht naar het landingsterrein gesleept. Daar werd de *Waco* losgekoppeld en zweefde dan naar de grond. Bij de landingen op de grote open velden in Brabant hadden de parachutisten veel minder last van Duits luchtdoelgeschut dan in Normandië. Door het grote aantal parachutisten en het feit dat de mannen dicht bij elkaar landden, bleek het grootste gevaar dit keer niet van de Duitsers te komen, maar van de landende parachutisten en een regen van uitrustingstukken en voorraadbundels. Bijna 90% van de mannen landden op of naast hun toegewezen gebied. Dat was in Normandië wel anders!

Eenmaal op de grond werden de troepen georganiseerd en ging m e n op weg naar de brug over het Wilhelmina kanaal in Son en Breugel. Toen de mannen bij de brug aankwamen, bliezen de Duitsers de brug op en een regen van hout en stenen kwam neer op de mannen. Easy Compagnie stak die avond het kanaal over via een gammele voetbrug die de Amerikaanse genisten hadden gebouwd.

Toen Easy Compagnie de volgende dag Eindhoven bereikten, werden ze verwelkomd door een feestende menigte. Ze gaven de mannen die hen hadden bevrijd na 4 jaar Duitse bezetting eten en drinken. Er werd gedanst, handen werden geschut, mannen geknuffeld en gekust en op de schouders geklopt. De paratroepers poseerden voor foto's en gaven hun handtekening aan iedereen die het vroeg. Eindelijk konden de Nederlanders weer de Nederlandse en oranje vlaggen tonen zonder bang te zijn voor Duitse straffen. Maar deze goede tijd duurde niet lang.

Easy Compagnie had een missie te volbrengen en werkte zich door de menigte naar voren en veroverde de 4 bruggen over de Dommel in het centrum van Eindhoven. Twee dagen later vocht Easy Compagnie een zwaar gevecht in Nuenen en moest zich voor het eerst terugtrekken nadat ze 15 man hadden verloren.

Easy compagnie was maar net begonnen aan 72 dagen van strijd en nog veel meer verliezen.

Anneke

HET EILAND – BEVESTIG BAJONET!

Easy Compagnie was op 2 oktober nog steeds in Nederland toen het 506de, als eerste eenheid van de 101ste Airborne divisie de brug bij Nijmegen overstak. Ze gingen naar de Betuwe wat door de soldaten "Tet Eiland" werd genoemd, omdat er aan alle kanten door dijken tegen gehouden rivieren waren.

Een paar dagen later, met te weinig troepen om de linie goed te bewaken, ontdekte een nachtelijke patrouille van Easy compagnie een groep Duitse SS soldaten. Een kort maar hevig gevecht volgde tussen de twee groepen, die zich aan weerskanten van de dijk bevonden. Soldaat James "Moe" Alley werd gewond door een granaat waardoor hij 32 verwondingen opliep aan zijn gezicht, nek en arm. Scherven van de granaat hadden ook de radio op de rug van Rod Strohl beschadigd waardoor ze geen hulp konden vragen. Tegen zoveel Duitse overmacht kon de kleine Easy Compagnie patrouille niet op en ze hadden geen andere keuze dan zich terug te trekken om Winters in te lichten.

Winters organiseerde een nieuwe patrouille en ging voorop op verkenning richting de Duitse soldaten. Terwijl hij wachtte op versterkingen, bedacht hij een plan. Winters schatte de situatie als volgt in: de Duitsers bevonden zich 180 meter verderop aan de andere kant van een verhoogde weg, terwijl Easy Compagnie midden in een veld in een ondiepe greppel lag. Het zou niet lang duren voor het dag werd. Daarnaast was Easy de enige bescherming voor het hoofdkwartier van het 2e bataljon dat achter hun lag. Voor Winters, was de beste optie om niet af te wachten, maar de Duitsers aan te vallen.

Toen de versterkingen arriveerden, kregen ze van Winters instructies waarna hij de opdracht gaf: "bevestig bajonet." Dit was een opdracht die zelden werd gegeven en de hartslag van de mannen sprong omhoog. Winters gaf het bevel en een rookgranaat werd gegooid als teken voor iedereen in de greppel om aan te vallen. Tijdens de aanval struikelden sommige mannen over laag, in het veld verstopte prikkeldraad. Winters keek niet om en bereikte de verhoogde weg als eerste en keek recht in de ogen van een Duitse soldaat met rechts van hem nog veel meer soldaten. Verrast doordat hij plotseling oog in oog stond met de vijand, sprong Winters terug naar zijn kant van de weg. Beide mannen gooiden een handgranaat die niet ontploften waarna Winters weer op de weg klom en de Duitse soldaat neerschoot. Daarna opende Winters het vuur op de grote groep Duitse soldaten op nog geen 50 meter van hem, toen de rest van zijn mannen arriveerden. Samen met machinegeweren en mortieren openden ze geconcentreerd vuur op de Duitsers die in paniek wegvluchtten.

Door de planning en tactiek van Winters, samen met de superieure training en uitvoering van zijn troepen, kon Easy compagnie met slechts 35 man een veel grotere groep van ongeveer 300 SS soldaten verslaan. Voor Winters was deze overwinning over een veel grotere groep vijanden de beste prestatie van Easy compagnie tijdens de oorlog.

Dit beslissende gevecht was meteen de laatste keer dat Winters zijn wapen in gevecht zou gebruiken. Hij werd een paar dagen later de plaatsvervangend commandant van het 2de bataljon van het 506de. Hij zou nu assisteren bij het leiden van Dog, Easy en Fox compagnie.

Het verlaten van zijn wapenbroeders was niet makkelijk voor Winters, die vanaf het begin bij Easy Compagnie was geweest. Hij had met deze mannen gediend, overleefd en successen behaald.

SMOKE
RED

OPERATIE PEGASUS

Door het mislukken van Operatie *Market -Garden* waren duizenden Britse soldaten achter de Duitse linies achter gebleven en gevangen genomen. Enkele honderden wisten toch aan de Duitsers te ontkomen en zij werden door het Nederlandse verzet verborgen. Het verzet bestond uit gewone Nederlanders die in actie kwamen tegen de Duitse bezetters. Ze deden dingen zoals spionage, sabotage of het verbergen van Joodse families, vliegtuigbemanningen of achtergebleven soldaten.

Luitenant-kolonel Dobie van de 1ste Britse Luchtlandingsdivisie was uit Duitse gevangenschap ontsnapt en al vier weken op de vlucht toen hij in de buurt van Arnhem de Rijn over zwom en met Kolonel Sink contact legde. Dobie was de leider geworden van bijna 140 mannen die over de Rijn probeerden te ontsnappen naar de geallieerde linies. Kolonel Sink gaf de commandant van Easy Compagnie, 1ste Luitenant Fred “Moose” Heyliger (die Winters had opgevolgd) het commando over deze reddingsmissie, genaamd Operatie Pegasus. Kolonel Dobie zwom terug de Rijn over om de mannen in te lichten over de plannen van de operatie.

De nacht voor de geplande operatie verstopten Canadese genie soldaten een aantal opvouwbare boten aan de oever van de rivier. In de nacht van 22 op 23 oktober staken 24 mannen van Easy Compagnie stilletjes de Rijn over. Aan de andere kant van de rivier gebruikten de Britten een rode zaklamp om in morse code de “V” van Victory te maken, zodat de Easy Compagnie mannen wisten waar ze aan land moisten komen. Korporaals Walter Gordon en Francis Mellett hadden hun machinegeweer opgezet op de flank, terwijl Heyliger contact maakte met de Britten. Dat de Britten blij waren om de Amerikanen te zien, is wel te begrijpen! Ze waren zo blij dat de Amerikanen hen eraan moesten herinneren dat ze stil moesten zijn, zodat de Duitsers hen niet zouden horen.

Omdat de kans dat ze werden ontdekt steeds groter werd, roeiden de Britten en de Amerikanen zo snel en stil mogelijk terug naar geallieerde linies. De hele operatie had niet meer dan anderhalf uur geduurd en was zonder problemen verlopen. Alle deelnemende mannen van Easy compagnie kregen een aanbeveling. Kolonel Dobie gaf een feest voor zijn troepen.

Easy Compagnie werd eindelijk na 72 dagen op de frontlijn met de Duitsers afgelost door Canadese soldaten. Gedurende die tijd had geen van de mannen kunnen douchen. Vrachtwagens brachten hen naar Frankrijk voor rust, nieuwe uniformen en eindelijk een warme douche. Easy Compagnie had opnieuw alles gegeven. De mannen hadden nat en koud weer doorstaan, terwijl ze maanden hetzelfde uniform droegen en ze eten kregen van slechte kwaliteit.

De campagne in Nederland had Easy Compagnie meer dan 50 mannen gekost.

Anneke

BASTOGNE (BASTENAKEN)

Op de vroege ochtend van 16 December 1944 lanceerde Hitler een grote aanval in de bossen en heuvels van de Ardennen. Ruim 200.000 manschappen en 1000 tanks hadden de geallieerden totaal verrast en ze waren slecht voorbereid op deze aanval. “De slag om de Ardennen” werd de grootste “slag” ooit gevochten door Amerikaanse troepen. In het zuiden van de Ardennen was Bastogne een belangrijk doel voor de Duitsers, het l a g op een kruispunt van zeven wegen en was van belang voor hun verdere aanval naar het westen.

De geallieerden moesten Bastogne tot elke prijs behouden, daarom werd de 101ste Airborne divisie er naartoe gestuurd. Al snel zouden ze omsingeld z i j n en afgesneden van de rest van het leger. De mannen gingen naar het front in vrachtwagens en maakten de sprong uit het laadruim in plaats van uit het vliegtuig. De verrassingsaanval en de plotselinge opdracht naar Bastogne te gaan, zorgde ervoor dat Easy Compagnie geen tijd had gehad om winterkleren te verzamelen. Ze hadden zelfs niet genoeg munitie. Terwijl Easy Compagnie naar de aangewezen posities liep, passeerden ze soldaten die d e eerste klappen van het Duitse offensief hadden opgevangen. Omdat ze zelf te weinig wapens hadden, vroegen ze hulp aan de terugtrekkende soldaten. Die gaven hun wapens maar al te graag af.

Die winter was een van de koudste van de eeuw en bleek net zo’n grote vijand als de Duitsers. Zonder goede schoenen en met te weinig droge sokken kregen de mannen last van bevriezing en loopgraafvoet. Door de koude en natte voeten stopte de bloedcirculatie en gingen de voeten ontsteken. Bijna een derde van alle verwondingen kwam door het extreem koude weer. Ze hadden geen warm eten, te weinig slaap en stonden steeds onder spanning door de gevechten en beschietingen. Doordat ze zich nooit konden opwarmen, waren de mannen bijna twee weken lang verschrikkelijk vermoeid, soms zelfs tot het breekpunt. Meestal waren een paar dagen weg van de frontlijn, bijvoorbeeld als berichtenbezorger bij een hoofdkwartier, genoeg om weer op krachten te komen en verder te gaan.

Duitse artillerie granaten ontploften in de boomtoppen en stukken metaal en hout regenden neer op de mannen in de schuttersputten. Soms werden de granaten ingesteld zodat ze pas in aanraking met de grond zouden ontploffen. Hierdoor lagen de mannen in hun putten te schudden. Tijdens een van deze beschietingen raakte Joe Toye zwaargewond aan zijn been toen hij uit zijn schuttersput was. Op het moment dat de beschieting stopte, rende “Wild” Bill Guarnere naar zijn gewonde vriend om hem te helpen. Er ontplofte vlakbij nog een granaat waardoor ook Guarnere een been verloor. Maar het schuilen onderin een schuttersput was ook geen garantie op overleving. Door een voltreffer in hun schuttersput werden Warren “Skip” Muck en Alex Penkala gedood. Deze vier mannen hadden veel ervaring en waren geliefde soldaten in de compagnie. Hun verlies was een groot gemis.

Doordat ze omsingeld waren, konden de gewonden alleen maar naar Bastogne worden gebracht waar in de kerk een tijdelijk ziekenhuis was ingericht. Omdat er niet genoeg voorraden waren en dus ook geen nieuw verband, moest dit na gebruik in kokend water gewassen worden en daarna opnieuw gebruikt. De stad werd, net als de omliggende dorpen en velden, zwaar getroffen door Duits artillerievuur. Er was nergens een veilige plek, nergens om je te verstoppen, nergens om naar toe te vluchten en geen rust voor de vermoeide mannen.

Op 22 december 1944 overhandigden de Duitsers een ultimatum aan generaal McAuliffe, de tijdelijke commandant van de 101ste Airborne divisie. De Amerikanen moesten zich overgeven of zouden vernietigd worden. De reactie van de generaal was “NUTS!” (Noten!), de 101ste Airborne divisie zou zich nooit overgeven! Tot op de dag van vandaag vieren de inwoners van Bastogne deze uitspraak in december met het gooien van noten naar de menigte vanaf het balkon van het stadhuis.

Uiteindelijk klaarde het weer genoeg op zodat de C-47’s voorraden konden afwerpen voor de vermoeide troepen. De dag na Kerstmis konden tanks van Generaal Patton’s 3e Leger door de Duitse omsingeling breken en eindelijk konden voorraden worden gebracht en gewonden worden afgevoerd naar ziekenhuizen verderop. Door de taaie verdediging van Bastogne door de 101ste Airborne divisie kregen ze opnieuw de “Distinguished Unit Citation” uitgereikt.

De gevechten in de Ardennen eisten een zware tol van iedereen die daar vocht. Bij de geallieerden waren meer dan 70.000 slachtoffers, maar de Duitsers verloren er nog meer. De mannen zeiden later dat ze het nooit meer zo koud wilden krijgen als toen in Bastogne...aangezien het trotse parachutisten waren, zeiden ze ook dat ze helemaal niet door Patton gered hoefden te worden!

AnneKex

FOY – DE HOSPIKKEN

Vanuit hun schuttersputten in het Bois Jacques (Bos van Jacques) had Easy Compagnie tijdens de gevechten om Bastogne neergekeken op het dorpje Foy. Luitenant Norman Dike had inmiddels het bevel over Easy Compagnie overgenomen van Heyliger. Het hoofdkwartier van de divisie had het 2de bataljon van het 506de uitgekozen om de aanval op Foy te leiden. Het was tijd om de bossen te verlaten en de Duitsers terug te dringen. Op 13 januari 1945 kreeg Easy Compagnie de taak om de aanval te leiden, de Duitsers in Foy keken toe en wachtten. Easy compagnie moest ruim 200 meter open terrein oversteken, terwijl de Duitsers hen vanuit versterkte huizen opwachtten.

Winters, nu de bataljonscommandant, keek vanaf de bosrand toe hoe de aanval van Easy compagnie van start ging en de Duitsers het vuur openden en met zware artillerie begon te schieten. Midden in de aanval blokkeerde Luitenant Dike. Zoals ze in Carentan hadden geleerd, stilstaan tijdens een aanval kon dodelijk zijn. Luitenant Dike was echter geen Winters, die dapper midden in de vuurlinie ging staan om zijn mannen te redden. Winters wilde het veld in gaan en de aanval overnemen, maar hij was de nieuwe bataljonscommandant en moest deze opdracht aan iemand anders overlaten. 1ste Luitenant Ronald Speirs, een pelotonscommandant in Dog Compagnie, stond in de buurt en hij kreeg de opdracht om de aanval over te nemen. Speirs volgde deze opdracht direct op en rende het veld in, richting het gevecht. Onder zijn doortastend leiderschap vervolgde Easy Compagnie de aanval richting Foy en verdreef de Duitse bezetters. Luitenant Dike werd overgeplaatst en Easy Compagnie werd voor de rest van de oorlog geleid door Speirs.

Don Malarkey was de commandant van de mortiereenheid van het 2^e^ Peloton en hij bleef met zijn teams achter in het Bois Jacques. Van boven op de heuvel konden het 1ste en 2^e^ peloton richting Foy gaan en het 3e peloton een omtrekkende beweging maken om de Duitsers te verwarren. Toen de mannen dichter bij het dorp kwamen, vielen er steeds meer gewonden. Met een combinatie van trots en ontzag vertelde Malarkey over het gevecht: “Tijdens de aanval op Foy zag ik bij het 3e peloton gewonden vallen, terwijl ze vastzaten in een boomgaard. Hospik Eugene Roe rende direct het open veld over en begon deze mannen te verzorgen. Roe bleef van man naar man rennen, verleende eerste hulp en vertelde de mannen dat ze het zouden redden, ongeacht hoe zwaar ze gewond waren.”

Veel later sprak Malarkey met hospik Doc Roe over zijn gebrek aan onderscheidingen. Malarkey en vele andere mannen die zijn heldendaden hadden gezien – sommigen van hen overleefden de oorlog alleen maar dankzij deze daden – vonden dat hij veel meer onderscheidingen verdiende dan hij had gekregen. Een beetje beschaamd over de vraag, zei Roe nederig dat hij “niets bijzonders deed en trots was op wat hij had gekregen.” Toen Eugene Roe ter sprake kwam, was Malarkey onvermurwbaar, “hij was een fenomenale hospik in het gevecht.” Luitenant Foley had Roe voor de Silver Star voorgedragen, maar door een onbekende reden is deze nooit uitgereikt.

Eugene Roe was de enige Easy Compagnie hospik die er vanaf D-Day tot het Adelaarsnest bij was. Daarnaast hebben Ed Pepping, Al Mampre, Ralph Spina en Earnest Oats (die tijdens D-Day om het leven kwam bij de crash van stick 66) ook in de compagnie gediend. In ieder opzicht waren hospikken bijzondere soldaten. Omdat ze geen wapens mochten dragen, konden ze zichzelf niet verdedigen of terugvechten. Daarom waakten de andere mannen over hen en beschermden ze hen. Als een gevecht begon, probeerde elke soldaat dekking te zoeken tegen de inkomende kogels en granaten. Maar de roep om een hospik zorgde ervoor dat de soldaat met de rodekruis armband met gevaar voor eigen leven naar de gewonde toe ging om deze te verzorgen.

De hospikken werden door meerdere Easy Compagnie mannen “engelen” genoemd.

Anneke

DE DUITSERS TREKKEN ZICH TERUG

In het midden van april 1945, niet lang nadat ze Duitsland waren binnen getrokken, kregen alle mannen van de 101ste Airborne divisie een paar sokken en drie flessen Coca-Cola. Dit was een goede reden voor een feestje, want zo kregen ze iets bijzonders wat thuis heel gewoon was.

Door de zware bombardementen van de geallieerden was een groot deel van het Duitse spoorwegennet vernietigd. Om naar Duitsland te rijden, moest de trein met Easy Compagnie omrijden langs Nederland, België, Luxemburg en Frankrijk. Daar aangekomen werden ze in vrachtwagens geladen om het binnenland in te kunnen trekken en staken ze de rivieren de Rijn en de Donau over. Veel van de kleine dorpen en steden langs de route waren nog niet aangetast door de oorlog. Als het tijd was om voor de nacht te stoppen, kregen de inwoners te horen dat ze 30 minuten hadden om hun huizen te verlaten. De mannen genoten intens van deze echte bedden en echte lakens, zeker omdat ze kort daarvoor in gebruik waren door de vijand! De Amerikanen hadden weinig sympathie voor de Duitsers, die vele vernietigde huizen hadden achter gelaten in de bezette gebieden.

Naarmate ze dieper Duitsland introkken, kwamen ze kleine groepen Duitsers tegen die zich begonnen over te geven. Deze kleine groepen werden groter toen Easy compagnie de Autobahn (snelweg) bereikte. Deze was gereserveerd voor de geallieerden die naar het oosten reden, maar over de middenberm marcheerden Duitse troepen naar het westen naar de krijgsgevangenkampen. Zo ver het oog reikte, zag men Duitse soldaten, in volledig uniform en velen nog met hun wapens omdat niemand de tijd had om ze te ontwapenen. Het klinkt heel gek, maar soms werden honderden Duitse gevangenen bewaakt door slechts een handjevol Amerikanen.

De massa marcherende grijze uniformen betekende het einde van het Duitse leger. Er zou niet nog een verassingsaanval komen zoals bij Bastogne. De wil tot vechten was verdwenen. München, een belangrijke stad voor de n azi's, werd veroverd door het Amerikaanse 7de Leger. Maar Easy maalde hier niet om. Zij waren in een race verwikkeld voor de ultieme prijs, hoog in de Alpen. Maar eerst moest Easy Compagnie het wrede Naziregime met eigen ogen aanschouwen.

CONCENTRATIEKAMP

Op 29 april stopte Easy Compagnie voor de nacht in de buurt van Landsberg, Duitsland. Zoals altijd werden er patrouilles uit gestuurd op zoek naar Duitse soldaten. Sergeant Frank Perconte rapporteerde bij Winters dat zijn patrouille een kamp had ontdekt, een kamp met meer dan 5.000 mensen. Per Jeep arriveerden kapitein Winters en Kapitein Nixon en daar zagen ze de half verhongerde en uitgemergelde mannen in blauw-wit gestreepte kleren bij het prikkeldraad staan. Het grote kamp bestond uit kleine hutten die voor de helft onder de grond stonden. Ze waren zo laag dat grote gevangenen zich moesten bukken om binnen te lopen. Het was een werkkamp, onderdeel van het grote Dachau kampement.

Het stonk er verschrikkelijk! De leefomstandigheden waren beneden alle peil. De gevangenen die waren gestorven, lagen waar ze waren gevallen of waren opgestapeld. Niemand had een poging gedaan om ze te begraven. Toen de Duitse bewakers hoorden dat de Amerikaanse troepen in de buurt waren, vluchtten ze halsoverkop.

Winters informeerde kolonel Sink via de radio en vertelde over deze ontdekking. Toen kolonel Sink arriveerde had soldaat Joe Liebgott, die een beetje Duits sprak, genoeg vertaald om te begrijpen dat dit kamp vooral voor Joden was.

Winters gaf direct de opdracht om kaas uit een naastgelegen stad te halen en naar het kamp te brengen om aan de gevangen te geven. Toen majoor Kent, de dokter van het 506de, bijhet kamp aankwam, zei hij tegen Winters dat ze moesten stoppen met het uitdelen van eten. Doordat ze zo ondervoed waren, moest het eten onder toeziend oog van de medische staf gegeven worden. Als ze te snel te veel zouden eten was dit voor de gevangenen net zo gevaarlijk als niets eten. Liebgott had de zware en ontmoedigende taak om aan de gevangenen te vertellen dat ze niets meer te eten kregen en ze terug het kamp in moesten.

Generaal Taylor haalde de pers erbij om de verschikkingen op te nemen en vast te leggen en gaf de lokale bevolking de opdracht om met blote handen het kamp te helpen opruimen. Dit was als straf bedoeld, maar ook als een les voor hen die zoveel misdaden tegen onschuldige mensen hadden gepleegd. Deze boetedoening zou ervoor zorgen dat de bevolking nooit kon zeggen dat ze niet op de hoogte waren van de in hun naam gepleegde misdaden.

Wat ze gezien en geroken hadden, was voor altijd in het geheugen van de mannen van Easy Compagnie gegrift. Het versterkte wat ze al wisten, hun gevecht was cruciaal en veel belangrijker dan henzelf.

USA

BERCHTESGADEN/ADELAARS NEST

Van hogerhand was de opdracht gekomen dat de 101ste Airborne als eerste Berchtesgaden mocht binnen trekken. Majoor Winters was in opperbeste stemming toen hij van kolonel Sink hoorde dat hij zijn mannen hierop moest voorbereiden. Hoewel het maar een kleine stad was in een vallei op de grens met Duitsland en Oostenrijk, was het bij de mannen zeer bekend. Vele foto's uit Berchtesgaden van Hitler's ontmoetingen met de leiders van Engeland, Italië en Frankrijk, waren de voorbije jaren in kranten en tijdschriften gepubliceerd. Naast het veroveren van Berlijn, waren Berchtesgaden en het Adelaarsnest de belangrijkste locaties voor de mannen. Generaals en soldaten van alle geallieerde legers wisten dat wanneer ze dit als eerste veroverden ze voor altijd beroemd zouden zijn. De Franse 2de tankdivisie was ook in het gebied en wilde daar de Franse vlag hijsen als wraak voor de jarenlange bezetting. De Amerikanen moesten dus opschieten!

Op de bergwegen moest Easy Compagnie door opgeblazen bruggen een aantal keer omdraaien en een nieuwe route zoeken om toch als eerste bij deze beruchte plek aan te komen. Op 5 mei 1945 bereikte Easy eindelijk Berchtesgaden. Hoewel er andere troepen uit Amerika en Frankrijk al voor korte tijd in de stad waren geweest, was er maar weinig wat erop wees dat de 101ste Airborne niet de eerste was. Het Berchtesgadener Hof hotel werd door Easy ingenomen voor Generaal Taylor. Winters en Luitenant Welsh verdeelden onderling een grote doos van Hitlers zilveren bestek.

Via een korte, maar steile weg kwam je bij de Obersalzberg. Een afgesloten gebied waar de huizen van Hitler en de andere hoge Nazi's stonden. Hitler had daar meer tijd doorgebracht dan op alle andere plekken bij elkaar. Ook stonden er de barakken van de SSsoldaten die het dorp bewaakten. Winters en Nixon ontdekten een treinwagon met uit heel Europa gestolen kunst. De soldaten hadden het goed naar hun zin, rijdend in de auto's van Hitler. Ze testten zelfs of de ramen wel echt van kogelvrij glas waren (door er op te schieten). Ze ontdekten Duitse uniformen en poseerden voor grappige foto's in hun nieuw verkregen kleren. Er waren genoeg souveniers voor iedereen!

Bovenop de berg, op 1851 meter hoog, stond Hitler's Adelaarsnest, een gasthuis dat hij had gekregen voor zijn 50ste verjaardag. De enige manier om het Adelaarsnest te bereiken, was via een tunnel in de berg en dan met een lift omhoog. De wanden in de lift waren van gepolijst koper die eruit zagen alsof ze van goud waren. Alton More vond een fotoalbum van Hitler met foto's van de vele hoge Duitse officieren die het Adelaarsnest hadden bezocht. More moest het album verstoppen in het stoelkussen van zijn Jeep zodat het niet van hem afgenomen werd door een officier die het boek ook wilde hebben.

Niet lang daarna kwam het bericht "Per direct: alle soldaten blijven op de huidige positie. In deze sector heeft de Duitse Legergroep G zich over gegeven. Niet meer schieten op de Duitsers, tenzij om terug te schieten." Voor elke soldaat van Easy Compagnie was de huidige positie de beste ooit!

Easy Compagnie had de top van de berg en de parel van Hitlers huizen uit het naziregime bereikt. De schitterende omgeving gaf de mannen een rust die ze zich tijdens de maanden van vechten niet hadden kunnen voorstellen. Op 7 mei ontving Easy Compagnie het nieuws dat alle Duitsers zich hadden over gegeven. Eindelijk konden de mannen zich echt ontspannen, en hoe. Elke avond werden er flessen leeg gedronken die nog niet zo lang geleden van Hitler en luchtmachtcommandant Goering waren geweest.

Om het nog mooier te maken, toostten ze de glazen vanaf dezelfde plek als Hitler ooit deed. De plekken die ze uit de kranten en tijdschriften kenden.

Anneke

KAPRUN/ EINDE VAN DE OORLOG

De oorlog eindigde officieel op 8 mei 1945. De mannen van Easy Compagnie werden weer in vrachtwagens geladen en gingen op weg naar het 30 kilometer verder weg gelegen Kaprun in Oostenrijk. De mannen bleven zeer onder de indruk van het schitterende landschap, dat zo uit een prentenboek leek te komen. Door de rustieke en pittoreske Alpen konden ze zich weer een leven zonder oorlog voorstellen.

Een van de taken van het 2de bataljon was het bewaken van 25.000 Duitse krijgsgevangenen. De mannen gingen ook op patrouille om de achterblijvers van het Duitse leger op te sporen en naar de krijgsgevangenkampen te sturen. De SS-troepen die ze tegen kwamen, werden naar Neurenberg in Duitsland gestuurd. Er was al heel veel documentatie verzameld waaruit bleek dat de SS-soldaten vele oorlogsmisdaden hadden gepleegd in naam van het Naziregime en ze moesten daar nu voor terecht staan.

Een andere punt van bezorgdheid waren de duizenden voormalige dwangarbeiders. Ze kwamen onder andere uit: Polen, Hongarije, Tsjechoslowakije, België, Nederland en Frankrijk. Na verloop van tijd was het probleem van zowel de vijandelijke soldaten als de voormalige dwangarbeiders opgelost en waren ze uit hun gebied verdwenen.

In hun vrije tijd konden de mannen genieten van sportieve evenementen en competitie tussen de eenheden. Tennisvelden werden opgezet en daarnaast ook schietbanen om de training van de mannen op niveau te houden. Ze konden in de bergen op geiten gaan jagen. Met de skilift konden ze naar een berghotel en daar een paar dagen verblijven om te skiën. Op het heldere en kalme water van het meer bij Zell am See konden ze bootje varen en zelfs per parachute landen in het water. Ook konden de mannen eindelijk weer een echte honkbalwedstrijd spelen!

Het leger verlaten en naar huis gaan, was de hoogste prioriteit voor bijna elke man. Een puntensysteem was opgezet op basis van een aantal criteria: hoeveel maanden overzee, het aantal ontvangen medailles en het aantal kinderen in Amerika. Het was soms een zeer oneerlijk systeem. Bijvoorbeeld Earl McClung, hij was een van beste soldaten van Easy compagnie en had vrijwillig de gevaarlijkste patrouilles geleid. Hij had de hele oorlog aan het front gestaan, maar had nog steeds niet de benodigde 85 punten. Hij en vele anderen moesten nog enkele maanden wachten tot ze eindelijk naar huis konden.

Easy Compagnie had een lange weg afgelegd, letterlijk en figuurlijk. Van Sobel naar Winters naar Speirs en van Toccoa naar Normandië naar Kaprun, het had hun bijna drie jaar gekost. Door hun speciale onderlinge band riskeerden sommigen de krijgsraad door voor ze genezen waren en zonder orders uit het ziekenhuis te vertrekken om weer terug te zijn bij hun kameraden. Strohl, Wynn, Alley, Welsh en Toye (met zijn arm nog in een mitella) waren allemaal uit het ziekenhuis vertrokken om niet naar een andere eenheid gestuurd te worden. De tijd in Kaprun gaf de mannen ook de tijd om na te denken over hun vrienden om hen heen, maar ook aan de vrienden die er niet meer bij waren.

In juli 1945 waren de mannen met meer dan 85 punten eindelijk onderweg naar Amerika. Japan gaf zich over op 14 augustus 1945. Op 30 november 1945 werd de 101ste Airborne divisie opgeheven en op papier, bestond Easy Compagnie niet meer.

Hun land had hen nodig en ze hadden zonder aarzeling of twijfel gereageerd. Ze hadden zich vrijwillig gemeld om met de besten te vechten, een garantie dat ze omsingeld zouden worden door de vijand. Ze gingen het Amerikaanse leger in als gewone burgers en werden elite parachutisten. Vreemden werden als broers. Maar bij thuiskomst en weer als burger hadden de mannen het zwaar. Terug samen met hun familie hadden ze moeite om zich weer bij hen aan te sluiten. Zelfs als ze wilden praten over wat ze tijdens de oorlog gedaan of gezien hadden, konden ze de woorden niet vinden. Hoe konden ze hun geliefden opzadelen met sommige herinneringen? Bij vele mannen zorgden deze herinneringen voor nachtmerries. Op een ongebruikelijke manier wilden sommigen weer terug bij hun makkers zijn, waar ze zich niet hoefden te verklaren. Het zou nog even duren voor ze zich weer burgers zouden voelen.

Een deel van hun zou altijd een soldaat in Easy Compagnie blijven.

Anneke

KRUISEN

Aan het einde van de oorlog hadden 366 man in Easy compagnie gediend. Voor onze vrijheid hebben 47 de ultieme prijs betaald. Zij zouden nooit genieten van de vrede na de oorlog. Ze zouden ook niet thuiskomen bij hun ouders, broers, zussen en vrienden voor een eerste emotionele omhelzing. Hun opoffering heeft ze niet alleen hun leven gekost, maar ook hun dromen, hun hoop en aspiraties van wat alle jonge mensen willen bereiken.

Een aantal Easy compagnie soldaten liggen begraven onder de kruisen op de begraafplaatsen in: Normandië, Nederland, België en Luxemburg. Samen met 45.000 andere soldaten die gestorven zijn om de wereld van tirannie en onderdrukking te bevrijden liggen ze buiten Amerika begraven. Deze begraafplaatsen zijn heel bijzonder om te zien. Ze worden onberispelijk onderhouden, elke boom en elke struik wordt gesnoeid. Het gras is altijd gemaaid en netjes afgestoken. Met grote precisie zijn alle kruisen en Davidssterren in rijen geplaatst, ongeacht de hoek van waaruit je kijkt. De bezoekers lopen in stilte, vol ontzag en in eerbied rond. De kruisen staan als een stille en sombere herinnering aan de hoge prijs die voor vrijheid betaald is.

Bill Guarnere en Joe Toye (die iedereen de sterkste man van Easy Compagnie vond) kwamen beiden terug met maar één been. Ed Tipper verloor een oog. Max Meth verloor een hand. Velen droegen de littekens van verwondingen op hun lichaam en bijna iedereen had littekens op de ziel. De oorlog had hen allemaal voor altijd veranderd. Zelfs op 80 of 90 jarige leeftijd zeiden ze dat er geen dag voorbij ging zonder dat ze dachten aan de mannen van Easy Compagnie. Ze konden de mannen die hun broers werden niet vergeten. Ze hebben een onderlinge band die uniek is bij mensen. Een band die ontstaan is doordat ze compleet op elkaar moesten vertrouwen als gevechtssoldaat. Tussen 1947 en 2012 verzamelden de mannen van Easy Compagnie zich elk jaar voor een reünie, een testament aan hun levenslange onderlinge band, en elk jaar toostten ze op de mannen die op verre bodem onder kruisen begraven zijn.

Dit is een verhaal van bescheidenheid, lef, eer, opoffering, plicht en vaderlandsliefde. Ook wij mogen nooit vergeten!

EASY COMPAGNIE ERELIJST

DE MANNEN VAN EASY COMPAGNIE DIE IN DE STRIJD ZIJN GESNEUVELD

De mannen met een * zijn Easy compagnie mannen die bij een andere eenheid zijn gesneuveld.

Rudolph R. Dittrich	20/5/1944
Robert J. Bloser	6/6/1944
Herman F. Collins	6/6/1944
George L. Elliot	6/6/1944
William S. Evans	6/6/1944
Joseph M. Jordan	6/6/1944
Robert L. Matthews	6/6/1944
William McGonigal, Jr.	6/6/1944
Thomas Meehan	6/6/1944
William S. Metzler	6/6/1944
John N. Miller	6/6/1944
Sergio G. Moya	6/6/1944
Elmer L. Murray, Jr.	6/6/1944
Ernest L. Oats (medic)	6/6/1944
Richard E. Owen	6/6/1944
Carl N. Riggs	6/6/1944
Murray B. Roberts	6/6/1944
Gerald R. Snider	6/6/1944
Elmer L. Telstad	6/6/1944
Thomas W. Warren	6/6/1944
Jerry A. Wentzel	6/6/1944
Ralph H. Wimer	6/6/1944
Benjamin J. Stoney*	7/6/1944
Terrence C. Harris*	13/6/1944
James L. Diel*	19/9/1944
Vernon J. Menze	20/9/1944
James W. Miller	20/9/1944
William T. Miller	20/9/1944
Robert Van Klinken	20/9/1944
Raymond G. Schmitz*	22/9/1944
James Campbell	5/10/1944
William Dukeman, Jr.	5/10/1944
John T. Julian	21/12/1944
Donald B. Hoobler	3/1/1945
Richard F. Hughes	9/1/1945
Warren H. Muck	10/1/1945
Alex M. Penkala, Jr.	10/1/1945
Harold B. Webb	10/1/1945
A. P. Herron	13/1/1945
Francis J. Mellett	13/1/1945
Patrick Neill	13/1/1945
Carl C. Sowosko	13/1/1945
John E. Shindell	13/1/1945
Kenneth J. Webb	13/1/1945
William F. Kiehn	10/2/1945
Eugene E. Jackson	10/2/1945
John A. Janovec	16/5/1945

Stichting Band of Brothers Familie

De stichting Band of Brothers familie is een IRS 501c3 organisatie (EIN 81-2710879) die is opgezet door de nakomelingen van de mannen van Easy compagnie, 506de Parachutisten regiment, 101ste Airborne divisie, Tweede Wereldoorlog. Het bestuur en de leden van de stichting zijn allemaal familie leden.

Ons primaire doel is om studenten te vertellen over de mannen van Easy Compagnie (onze helden) en over de Tweede Wereldoorlog in het algemeen. We hopen dit boek in de handen van zo veel mogelijk studenten en schoolbibliotheken te plaatsen. Wij blijven ze eren.

Als u een schoolbibliotheek of docent kent die dit boek wil hebben laat het ons dan weten.

https://www.facebook.com/Band of Brothers Family Foundation

easycofoundation@gmail.com

GERAADPLEEGDE BOEKEN EN LEESTIPS

- Band of Brothers door Stephen Ambrose
- Beyond Band of Brothers door Major Dick Winters and Col. (Ret.) Cole G. Kingseed
- Conversations with Major Dick Winters door Col. (Ret.) Cole G. Kingseed
- Call of Duty door Lynn "Buck" Compton met Marcus Brotherton
- Easy Compagnie Soldier door Don Malarkey met Bob Welsh (gebruikt zijn pagina 52 bij de Mars naar Atlanta en pagina 115 over de was.)
- Shifty's War door Marcus Brotherton
- Parachute Infantry door David Webster
- Brothers in Arms, Best of Friends door Bill Guarnere en Edward Heffron met Robyn Post
- Silver Eagle door Clancy Lyall en Ronald Ooms
- Biggest Brother: Het leven van Majoor Dick Winters door Larry Alexander
- A Compagnie of Heroes door Marcus Brotherton
- We Who are Alive and Remain door Marcus Brotherton
- Fighting with the Screaming Eagles door Robert Bowen
- The Filthy Thirteen door Richard Killblane en Jake McNiece
- Fighting Fox Compagnie, The Battling Flank of the Band of Brothers door Terry Poyser met Bill Brown
- D-Day met de Screaming Eagles door George Koskimaki (en andere boeken van de auteur)
- Vanguard of the Crusade door Mark Bando (en andere boeken van de auteur)
- The Simple Sounds of Freedom door Thomas H. Taylor
- Tonight We Die as Men door Ian Gardner (en andere boeken van de auteur)
- Nuts! A 101st Airborne Machine Gunner at Bastogne door Vincent Speranza
- Look Out Below! A story of the Airborne by a Paratrooper Padre door Francis L. Sampson

Chris Langlois is de kleinzoon van hospik Eugene Gilbert Roe, Sr. Roe kwam bij Easy compagnie direct na Toccoa. Chris komt uit Baton Rouge, Louisiana en is afgestudeerd aan de Louisiana State University. Hij woont op dit moment in Dallas, Texas met zijn vrouw Patricia en zijn dochter Julia. Zowel Chris als Patricia zijn politieagent. Chris doneert een deel van de opbrengst aan de Stichting Band of Brothers Familie zodat meer kopieën van dit boek geschonken kunnen worden aan schoolbibliotheken en klassen. Hij begon Doc Roe Publishing (op Facebook, Instagram en Twitter). Chris is bereikbaar op: docroegrandson@gmail.com

Anneke Helleman komt uit Nederland, waar ze met haar man Gert-Jan IJzerman woont. Ze heeft een zoon en een dochter, die beiden gelukkig zijn getrouwd. Ze is ook een trotse oma. Ze is de mede-eigenaar van een meubelzaak en is een professioneel schilder. Haar kunstwerken gaan van realisme tot het met de hand beschilderen van leren jassen uit de Tweede Wereldoorlog. Haar passie voor de Tweede Wereldoorlog begon toen ze de Amerikaanse begraafplaats in Margraten bezocht en de verhalen hoorde van enkelen die daar begraven zijn. Ze is voor altijd dankbaar voor haar vrijheid. Anneke is bereikbaar op info@annekehelleman.nl

CPSIA information can be obtained
at www.ICGtesting.com
Printed in the USA
BVHW090920080321
601989BV00019B/209

9780578485454